火花石

·

著

本味

地道川菜24味

中国轻工业出版社

四川味道

在中国960万平方公里的土地上，生活着近14亿人，这么多人每天都必须进行的，那就是吃！在历史长河中，人们发现了无数的食材及调味品，并用其烹制出了各色各样的美食。并且，由于区域不同、气候不同、物产不同，各地慢慢形成了自己独特的饮食风俗和一整套自成体系的烹饪技艺与风味，这就是我们常说的菜系。在我国，被业界公认的四大菜系各有特点：鲁菜，出神入化的火候；淮扬菜，游刃有余的刀功；粤菜，一丝不苟的选料；川菜，不拘一格的调味。

"不拘一格"一词，出自清代思想家、文学家龚自珍的一首七言："九州生气恃风雷，万马齐喑究可哀。我劝天公重抖擞，不拘一格降人才。"就做菜而言，我们四川从不缺乏人才。几千年下来，成百上千的川菜名菜正是这些会做菜、懂做菜的四川美食人才所创造出来的。他们在创造美味的过程中不但不拘一格，让川菜有了多样的烹饪手法和装盘艺术，更是做到了川菜味道的多变。川菜之所以被誉为"百菜百味"，那可不是空穴来风，其味道的多样性绝对是货真价实的。不了解川菜的人常以为川菜就是麻辣，而事实是，川菜虽然离不开花椒和辣椒，但麻辣仅仅是川菜的一面。

一个外地朋友和我聊天时说，他很喜欢川菜，出于好奇去过很多川菜餐厅的后厨，发现琳琅满目的调味品并没有太多特别的，很多都是四川人家里常用的调辅料，如菜籽油、猪油、辣椒油、豆瓣酱、豆豉、川盐、花椒、干海椒、酱油、醋、味精、鸡精、糖、姜、葱、蒜……为啥四川厨师就可以精准地把这些平常之物调配出那么多种味觉变化？为啥其他菜系的厨师虽然有了这些调料，依然做不出正宗的四川味道？他觉得这点很是奇怪，甚至有很长一段时间，他觉得川厨不是简单的厨师，而是厨师界的魔术师，因为他们用这些普通的调料支撑起了一个千变万化的四川味道世界。

"外行看热闹，内行看门道"。不做川厨的人，可能很难理解川菜调味的多变。其实，我在学习川菜以前也是一头雾水。作为一个土生土长的四川人，虽然每天吃着各种川菜长大，但这些味道从何而来，我也是长大以后才明白的。举几个例子来说一下川菜调料的多变：做川菜用的油有菜籽油、猪油、鸡油、牛油、芝麻油等，而不同的菜需要用其中一种油或几种不同的油配合；川菜的辣椒油有特辣、中辣、微辣的辣度区别，同时还有外香型、内香型、醇香型等区分，而不同川菜流派制作辣椒油时，对辣椒和油的配比、火候老嫩、密封的时间也各有区别；川菜的豆瓣有胡豆瓣、糯米豆瓣、红油豆瓣、金钩豆瓣、家常豆瓣、火锅专用豆瓣等，不同的菜也需使用特有的豆瓣才能达到其独特的口味。

以前常听老一辈讲，过去厨房学徒是3年，3年以后师父才会开始教你做菜。以前我不理解，现在明白了：因为仅仅是把川菜这些调料弄明白，就不是一朝一夕的事，所以3年学徒自有其中道理。

最后我想说，由于自己的阅历和能力有限，这本书对川菜味型的介绍肯定有不尽如人意之处，还望大家海涵，同时不吝赐教，帮我指出，以便改正。这并不是谦虚，在博大精深的川菜海洋中，我的学习永无止境，为了传承和延续那舌尖上的川味，我与您共勉！

火花石

2017年8月5日清晨于成都家中

目 录

4

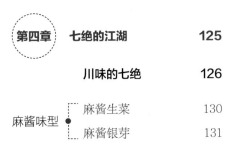

菜品制作 张 鹏

菜品技术顾问 张中尤 舒国重

餐饮文化顾问 董克平

川菜文化顾问 向 东

摄影技术顾问 吕 海 范姝岑

摄 影 张 鹏

摄影助理 徐 艳 张 跃

摄影道具 罗俊茹 王 婕 王莲玲

第 一 章

辣椒的天地

川 味 和 辣 椒

　　一直以来，关于"中国哪个地方的人最能吃辣椒"的争论从未间断过，湖南人、四川人、贵州人、云南人、江西人、重庆人……都说自己吃辣是最厉害的。其实，我觉得这种争论毫无意义。首先，据吉尼斯世界纪录认定，世界最辣的辣椒是英国的"龙吐气"，这种辣椒的辣度达到惊人的248万史高维尔，据说辣死人是分分钟的事。所以在吃辣这件事上，也是人外有人，天外有天，究竟谁最能吃辣，真是很难说清楚。其次，争论谁最能吃辣椒就好比争论谁饭量最大，即便有人一顿饭可以吃一盆甚至一桶，结果也只能证明他算个"饭桶"而已。

/
不同的辣椒有不同的用途，
四川人吃辣椒就是这么细致

/
曹家巷菜市场的
新鲜朝天椒和二荆条

/
好的红油，
颜色红润且香辣兼备

/
夏天的菜市场是辣椒的天下，
各种辣椒琳琅满目

　　人世间万事万物皆需要掌握一个"度"，这个"度"是建立在了解的基础上的。我们从小就知道一个常识：人每天必须喝水，人体不能缺水。因为人体一旦缺水，最多几天就会因细胞缺水而死亡；但水喝多了也是不行的，撑得难受不说，还会引起水中毒。所以适当地喝水有益，而过度地喝水就是有害。再来说开篇那个问题，"中国哪个地方的人最能吃辣"，如果换成"中国哪个地方的人最会吃辣"就对了。而且就这个问题而言，我还可以给大家一个准确的答案——中国最会吃辣椒的地方是在中国西南的四川盆地，最会吃辣椒的人肯定是四川人。

　　或许会有重庆人站出来表示不服，那我在此解释一下：虽然重庆在1997年，也就是20多年前成了直辖市，行政管理上已经不再从属于四川，但在我心里，重庆人和四川人就是一家人，巴蜀川渝永远都是血浓于水的亲兄弟。以前我跟几个重庆朋友开玩笑说过，如果谁把重庆整个儿搬出四川盆地，那我就再也不说"重庆和四川是一家人"的话了。所以我书中说的四川是包括重庆的，永远都是。

我作为一个四川人有这份自豪那是有依据的。据史料记载，辣椒是在距今400多年前的明朝，经过海上丝绸之路，从遥远的南美洲作为观赏花卉植物被引进到我国栽种的。明朝人高濂在《遵生八笺》中写道："番椒丛生，白花，果俨似秃笔头，味辣色红，甚可观。"这其中的番椒，说的就是辣椒，这是我国历史上书中有记载的最早对辣椒的描述。几十年以后，辣椒被大量带入了四川栽种。幽默风趣的老一辈四川人得知辣椒是漂洋过海从美洲来到亚洲并进入我国之后，给辣椒取了一个很形象的名字——海椒。

/
这种墨西哥海椒肉厚且辣度十足，
用来做泡辣椒相当不错

/
渣海椒是糯米和辣椒发酵以后的产物，
一种四川下饭神器

因为地处内陆盆地，相对封闭湿润的气候造就了四川人千百年来饮食上的重口味。川人的口味是"尚滋味，好辛香"，所以这个漂洋过海的海椒来到四川那真叫一拍即合。经过四川人不断地摸索与尝试，小小的海椒在厨房里被变出了花样，吃出了名堂。

/
到了夏天，成都几乎家家都会做泡海椒

/
灯笼海椒

/
四川的冬天，
屋顶或窗外或屋檐下都在晒麻辣香肠

四川人用二荆条、七星椒、子弹头、甜椒、灯笼椒、野山椒等品种的海椒做出了干海椒、糍粑海椒、海椒面、煳辣子、红油、泡海椒、豆瓣酱等等这些有四川特色的辣味调味品，有了这些调味品，海椒不再是单一的辣，通过厨师的妙手，烹制出了一系列闻名全世界的带有辣味元素的名菜，如回锅肉、鱼香肉丝、宫保鸡丁、红油鸡片、辣子鸡、水煮肉片、麻辣火锅……在这众多的名菜当中，虽然或轻或重都有辣，但香味和口感却大不相同。因为这些菜分别属于不同的味型，每个味型的味道都有相应的标准和规范。与海椒有关的味型在"经典川味24种味型"中占了11个，它们分别是：红油味型、蒜泥味型、酸辣味型、怪味味型、煳辣味型、陈皮味型、豉椒味型、荔枝味型、鱼香味型、家常味型、麻辣味型。

试问，全国乃至全世界范围内，还有哪里的菜有这么多和辣椒相关的味道？又有哪个菜系对辣椒有如此深的研究，如此多种吃法以及如此多种变化啊？唯有川菜。

红油味型

由于工作关系，这些年去往全国各地的机会明显多了起来，虽然每次只有三四天，时间并不算长，但我出门总是喜欢坐早班飞机，而回家航班往往安排在晚上，如此，在外面可以有相对长的时间处理事情。

常在外面走，难免会遇到飞机延误这种无奈的事。有一次，我定了原本晚上8点半从广州起飞回成都的班机，刚换了登机牌就听到广播里传来那最不想听到的抱歉声，飞机晚点已经注定，于是拿起电话通知家里的她，我说："你早点睡吧，我不知道几点才能到家。"她在电话那头"嗯嗯"了几声，又说："面条和菜叶子都买好了，在冰箱里，红油是今天刚炼的……"对我而言，即便再晚回到家里，能吃上一碗红油面，再多的疲劳与抱怨都消失得无影无踪了。

/
辣椒面

/
红油三丝

/
红油

红油鱼腥草

红油兔腰

　　四川红油也叫辣椒油、熟油海椒、海椒油或油辣子，是川菜红油味型的基础，也是川菜凉拌菜的灵魂。好的红油必须具备色香味三点：油润的红、回味的香、酣畅淋漓的辣，通常是用四川菜籽油经高温加热后，趁热淋入按比例配制的辣椒面中制成。这个看似简单的过程却包含着大学问：因为每家在用料、火候、配比这三个方面都存在着差别，所以每家做出的辣椒油的味儿不可能一模一样。

13

红油猪天堂

红油蹄花

　　红油味型是川菜经典常用味型之一，有上百年的历史，一般用自制的红油与酱油、白糖、味精等调制而成，也有加醋、蒜泥或香油调制的先例。调制红油味型时，需要了解其辣度应比麻辣味型的辣度低。红油味型多用于冷菜，适用于以鸡、鸭、猪、牛等家禽家畜肉类，以及肚、舌、心等家畜内脏为原料的荤菜菜肴，也适用于以块茎类鲜蔬为原料的素菜菜肴。典型常见菜品有：红油鸡片、红油耳片、红油牛肚、红油笋干、红油三丝、红油皮扎丝等。

红油制作

川菜凉菜师傅有三宝：红油、泡菜和卤水。红油是排第一位的，所以红油也被称作"川味凉拌菜的灵魂"。

○ **用料**

朝天椒辣椒面	50克
二荆条辣椒面	150克
纯菜籽油	1000克
汉源花椒	10克
生白芝麻	30克
八角	2枚
草果	1枚

○ **做法**

1 朝天椒和二荆条辣椒面按3:7的比例放入大碗中。（也可通过调整两种辣椒面的比例来调节红油辣度和香度。）

2 生白芝麻放入大碗中。

3 将汉源花椒微微剁细，草果拍碎后加入大碗中，再加入八角。

4 菜籽油下锅加热到八成热，约220℃。

5 将1/3左右的滚油徐徐淋在碗中的辣椒面、八角等原料上，并快速搅匀。

6 待锅里油温降到五成热，约150℃以下时，将其余2/3的油淋入大碗中。搅匀后加盖密封一天即可。

红油肚丁

猪肚就是猪的胃，一头猪只有一个。都说物以稀为贵，所以猪肚历来都是川菜原料中的高档货，它的价格永远都比普通猪肉贵很多。川菜名菜中很多都用到了猪肚，如凉拌肚丝、大蒜肚条、烧什锦、火爆肚头、火爆双脆、泡椒脆肚等，甚至川菜中的高级奶汤也必须用它。用煮熟的猪肚来做一道家常小菜——红油肚丁，这道菜在传统红油味型的基础上加入了烟熏的薄豆腐干，这种荤素搭配不但味道更加丰富，而且也更健康。

○ 主料

熟猪肚	半个
烟熏薄豆腐干	3片

○ 调辅料

油酥花生米	10克
小葱	5克
蒜泥	5克
川盐	1克
白糖	1克
花椒面	1克
红油	20克

○ 做法

1 将熟猪肚、洗净的烟熏薄豆腐干和小葱、油酥花生米等原材料一一备好。

2 烟熏薄豆腐干用开水汆烫后切丁。

3 熟猪肚切丁，小葱切段。

4 调味碗中加入肚丁、烟熏薄豆腐干丁、油酥花生米、蒜泥和小葱段。

5 再加入川盐、白糖和花椒面。

6 最后淋上红油，拌匀即可享用。

小秘密

- 做这道菜时，猪肚别煮得太软，焯水清理干净后，煮1小时左右即可。
- 这道菜主要是突出红油的香味而不是辣味，所以制作的红油微辣就行。

红油金钱肚

牛金钱肚又叫牛蜂窝肚，是牛4个胃中的1个，被称为"最好看的牛肚"。这种牛肚最常见的做法，是用加了糖色和各式香辛料的川味红汤老卤水卤熟以后，直接切片食用。如果要做凉拌菜的主料，那一般就用白卤，所谓白卤也叫原色卤，是区别于那种上色的红卤而言，两种卤水的共同点都是加香辛料和盐制成卤水，将原料卤制而达到增香增味的目的。最大的区别有三点：第一是颜色，红卤的颜色比白卤更加好看，诱人食欲；第二是口味，因为红卤一般是卤好以后直接食用，而白卤一般还需要再次加工调味，所以白卤的口味、香味、咸味都比红卤清淡。第三是食用方式，红卤卤制过后的原料都可以直接食用，而白卤需要再次调味加工。

这道红油金钱肚就是一道经过白卤以后加红油和其他调味料制作的川味凉拌菜。

○ **主料**

熟牛金钱肚	半个	美极鲜	2克
		白糖	1克
○ **调辅料**		川盐	1克
白卤汁	50克	红油	20克
酱油	5克	茼蒿	适量

18

○ **做法**

1 将茼蒿洗净沥干，熟的牛金钱肚拿出备用。

2 牛金钱肚依次片成薄片。

3 把茼蒿放入盘中垫底，片好的牛金钱肚整齐地放在茼蒿上面。

4 在白卤汁中加入酱油、美极鲜、白糖和川盐。

5 把调好的味汁均匀地淋在牛金钱肚上。

6 最后淋上红油即可。

小秘密

· 生的牛金钱肚清理干净后，放入白卤水中卤制1小时左右即可。白卤水料主要有清水、盐、老姜、大葱、料酒、花椒、八角、小茴香、桂皮、白蔻、香果、胡椒粒等。

· 不能吃辣椒的人可以将红油换成芝麻油。

· 茼蒿还可以换成其他素菜，如芹菜、小葱、香菜、韭菜等。

椿芽胡豆

椿芽也叫香椿或春芽，被称为"长在树上的蔬菜"，只有在春季才有这一口鲜香。刚从树上摘下的椿芽，经简单处理可成为一道浓香扑鼻的小菜，仿佛吃了这道菜，也把春天吃下了肚。吃椿芽时一定要先过水焯一下，焯过水的椿芽香味更纯粹，吃了也不容易过敏。焯过水的椿芽还可以冷冻保存，这样，春天的气息不论在何时都可以享用。

这道椿芽胡豆（蚕豆）做法简单，两种春季特有的美物混合后散发出的特有的香和柔，对舌尖的冲击之大，只有吃过的人才知道。

○ 主料

新鲜椿芽	100克
新鲜胡豆	300克

○ 调辅料

川盐	1克
酱油	3克
醋	5克
白糖	2克
花椒面	1克
红油	15克

○ 做法

1 准备好刚摘下的椿芽。

2 将剥好的胡豆放入蒸锅中蒸10分钟，备用。

3 椿芽洗净后用开水焯一下，沥干水分后切细放入碗中。

4 椿芽中依次放入川盐、酱油、醋、白糖、花椒面。

5 加入红油调匀。

6 最后将拌好的椿芽放在胡豆上即成。

小秘密

· 椿芽需焯水后再食用，这样可有效避免过敏。

· 椿芽和胡豆都是春天的蔬菜，如果想要一年四季都能吃到这道菜，可以把椿芽和胡豆洗净焯水后，分别用保鲜袋密封后放冰箱冷冻室保存，吃时用微波炉稍微加热一下就行了。

蒜泥味型

大蒜原产于西亚和中亚，是在2000多年前的汉朝，张骞两次出使西域，开辟了丝绸之路后被引入我国的。从那时开始，大蒜正式成为中餐调料之一，融入我国的餐饮大家庭。

在四川人眼里，大蒜全身是宝，川菜中的很多名菜要是没有这个宝，还真就做不出那个味道。回锅肉、盐煎肉、麻婆豆腐少不了蒜苗；干煸鳝鱼、蒜薹炒老腊肉、蒜薹肉丝离不开蒜薹；鱼香肉丝、宫保鸡丁、麻辣火锅离不开蒜头。上面这些菜虽然用到了大蒜的各个部位，但大蒜在其中始终算不上主角，真正让大蒜大显身手当主角的，还要说川菜经典的蒜泥味型。川菜蒜泥味型常用于凉菜，其中的蒜泥白肉绝对算得上蒜泥味型众多菜品中的头牌。

/
彭州人春天收割蒜薹

/
在四川，蒜苗也叫青蒜，是很多经典川菜，如回锅肉、水煮肉片的重要配料

如果说回锅肉是川菜之王，那么蒜泥白肉就是亲王。为什么说蒜泥白肉和回锅肉沾亲带故？以下4点足以说明它们的关系：第一，回锅肉和蒜泥白肉用的都是带皮猪肉；第二，回锅肉和蒜泥白肉用料首选都是猪屁股上的二刀肉，学名叫臀尖；第三，正宗回锅肉和蒜泥白肉初加工都有一道程序就是煮肉；第四，两者在四川都有极好的群众基础，川菜馆子里热菜不能少了回锅肉，而凉菜不能少了蒜泥白肉。

/
这种四川的紫皮独独蒜
蒜香味特别浓郁

/
江油青林口老家窗边的大蒜　四川路边卖新鲜瓣蒜的小摊

蒜泥味型是川菜经典味型之一，有千年以上的历史，多用于冷菜。用蒜泥、酱油或复制甜酱油、香油、味精、红油（白油蒜泥味不加红油）调制而成。调制时需用现制的蒜泥，这样蒜香味才突出。蒜泥味主要适用于以猪肉、猪肚、兔肉为原料的荤菜菜肴，如蒜泥白肉、蒜泥猪头肉、蒜泥肚片、蒜泥兔花等，也可用于以黄瓜、茄子、青笋等蔬菜为原料的素菜菜肴，如蒜泥黄瓜、蒜拌茄子、蒜泥翡翠卷等。

蒜泥味型特点：
蒜香味浓
咸鲜微辣

21

/
糖醋蒜薹

/
蒜泥白肉

/
宜宾李庄古镇大刀片白肉

复制甜酱油制作

复制甜酱油就是用普通酱油作为基础，根据自己的经验和顾客的喜好，再次加工调制的酱油。以前老师傅们为了让自家的菜品更好吃，都需要把酱油在饭店复制。配方千奇百怪，总之能让顾客记住并对这种味道流连忘返，那就是成功。

○ **主 料**

酱油	500克
红糖	500克

○ **调 辅 料**

八角	10克
桂皮	5克
草果	5克
山奈	2克

○ **做 法**

1 准备味道纯正的酿造酱油，这是甜酱油美味的基础。

2 准备纯正、地道的红糖，备用。

3 将红糖放入锅中，并往锅中倒入酱油。

4 将八角、桂皮、草果、山奈依次加入锅中。

5 用文火慢慢熬制1小时左右，至甜酱油变浓稠后关火，加盖密封一天以上就可以用了。

小秘密

· 熬复制甜酱油时切忌用大火，那样很容易煳锅。

· 熬好以后密封一天的目的，是让香料的味道充分释放到酱油里，如果时间太短，不容易出味。

响油白肉卷

做这道菜一定要选用带皮的二刀肉，去皮猪肉做出来不好看也不好吃，二刀肉是猪后腿肉的一部分（左右各一块），因四川肉贩分割猪腿肉时，习惯第二刀整体割下这块肉而得名（头刀是坐墩）。我家吃这道响油白肉卷时，一般还会买点儿馒头或锅盔类的面食，把白肉夹在热馒头中一口咬下，那滋味，用四川话讲就是"味道简直不摆了"。

○ 主料

猪二刀肉	300克
（或五花肉）	
马齿苋	150克

○ 煮肉料

葱节	5克
老姜	5克
花椒粒	少许
料酒	10克

○ 调辅料

小米辣	20克
大蒜	30克
蚝油	20克
川盐	1克
高汤	适量
菜籽油	50克

○ 做法

1 二刀肉洗净放入冷水锅中，中火加盖煮30分钟，汤中加葱节、老姜、花椒粒、料酒。

2 马齿苋清洗干净，开水焯熟，凉凉备用。

3 将煮熟的二刀肉切成薄片，凉凉的马齿苋整齐地码放在肉片上。

4 用肉片将马齿苋裹紧，码放于盘上。

5 大蒜与小米辣剁细，备用。

6 菜籽油烧到七成热时淋入大蒜、小米辣碎中。

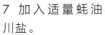

7 加入适量蚝油、川盐。

8 加入高汤（做法见第176页）后搅拌均匀。

9 将料汁淋在白肉卷上即成。

（做法见第176页）

23

小秘密

· 马齿苋是一种野菜，如果没有也可换成红萝卜、青笋、香菜等。

· 做好的调料也可装在小碗中用于蘸食。

· 小米辣用于调节辣度，不喜欢吃辣可少放或不放。

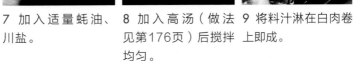

竹 林 白 肉

　　蒜泥白肉是川菜传统味型蒜泥味型的代表菜，正宗的蒜泥白肉历来都有冷热两个版本，凉拌的属于常见的大众版本，而我给大家介绍的是热拌白肉。这种热拌的蒜泥白肉做得最好的当属竹林小餐，所以这种做法又被称为"竹林白肉"。当年，竹林小餐的蒋海山师傅将这道菜做到了极致，被誉为"老成都的白肉专家"。最早竹林小餐开业于复兴街，后迁到盐市口，现已不知所踪。

○ **主 料**

猪二刀肉	300克

○ **煮 肉 料**

老姜	5克
小葱	10克
花椒粒	少许
料酒	10克

○ **调 辅 料**

大葱节	50克
大蒜	30克
复制甜酱油	10克
川盐	2克
辣椒油	50克

○ **做 法**

1 将猪二刀肉洗净放入冷水锅中，汤中加老姜、小葱、料酒。

2 水开后撇去浮沫，加入花椒粒后微火焖煮30分钟。

3 大蒜捣成蒜泥。

4 将筷子插入肉最厚的部位并快速抽出，如果没有血水冒出就可以判定肉煮好了。

5 将煮好的二刀肉捞出，凉凉。

  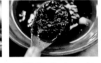

6 用刀将凉透的肉切或片成薄片，大葱节切成马耳朵状（菱形），备用。

7 调味碗中加入捣细的蒜泥、复制甜酱油。

8 再依次加入川盐、辣椒油。

9 搅拌均匀，调成蒜汁。

10 将切好的肉片再次放入煮肉汤中冒一下，捞出沥水。

11 沥干水的肉片放入用大葱垫底的盘中。

12 最后淋入调好的蒜汁即可。

小秘密

- 二刀肉是猪屁股上靠近臀尖部位的肉，因为肥瘦适中并完美相连，所以是做凉拌白肉、回锅肉的上好材料。
- 白肉最好是当天煮当天用，煮熟的肉块不要放入冰箱，以免串味。
- 制作时还可根据喜好加入一些素菜，如青笋、芹菜、豆皮、笋干等。

酸辣味型

　　"像醋的气味和味道"是《新华字典》对"酸"字的注解。醋又叫"醯"，古时候醋是有专门的官员管理的，所以古代管理醋的官员又叫"醯人"。20年前有一部葛优主演的电视剧叫《寇老西儿》，剧中的主人公寇准是个真实的历史人物，是一个酷爱吃醋的山西人，他曾说不喝醋就没有灵感，甚至在和金国谈判前也要喝点儿醋压压惊。其实单就寇准是个山西人，又爱喝醋这事来讲，"寇老西儿"我们还可以叫他"寇老醯儿"。

　　"醯"字是个象形字，它的内涵很深。"醯"字的左边一半是个"酉"字，"酒"字少了三点水，而右边的上边是"流"字少了三点水，这左右两边的水都流到了右边下面的器皿里，这个字形象地描述了醋是怎么做出来的。流到器皿里的水就是醋，如果再进行陈放，就是我们所说的老醋，也可以叫"老醯儿"。

/

四川很多地区每逢赶集，
都有这种农家酸菜出售

/

四川出产的红薯粉丝吃起来
特别劲道，酸辣粉必备

/
晾晒中的泡青菜不久就将在泡菜坛中
变成酸菜

/
好的酸菜颜色金黄且酸香脆适度

　　四川有很多好醋，比如阆中的保宁醋、泸州的护国陈醋、渠县的三汇特醋、自贡的晒醋等，这些好醋为川菜中的酸辣味型奠定了良好的基础。当然我们川人为了在川菜川味中调出酸味，除了运用醋以外，还会用到其他很多种带酸味的食材，比如泡酸菜、燎酸菜、盐酸菜，甚至水果。

/
四川名小吃酸辣豆花

/
四川名小吃酸辣粉

　　酸辣味型是川菜常用味型之一，多用于热菜，也用于冷菜。酸辣味型分为两种：第一种是以川盐、醋、胡椒粉、味精、料酒等调味而成，这其中的酸是醋酸，辣是胡椒辣。常用来制作酸辣海参、酸辣蹄筋、酸辣蛋花汤等。第二种是以川盐、醋、味精、辣椒类辣味原料（如红油、小米辣、泡椒、野山椒、郫县豆瓣）等调味而成，常用来制作酸辣粉、酸辣面、酸辣牛蛙、酸辣肥牛等菜品。不管是哪种酸辣味，调制时都要掌握以咸味为基础、酸味为主体、辣味提风味的原则。其中，冷菜的酸辣味多用第二种红油或豆瓣调辣味的方法，而不用胡椒，主要用于素菜的凉拌，如酸辣莴笋、酸辣三丝等。

酸辣拌肥肠

我觉得拌肥肠要吃那种韧性，也就是得有嚼头，所以不能煮太久，一个小时就差不多了。煮肥肠的汤也不要倒了，加点儿萝卜、莲花白，或者其他的蔬菜就是一锅美汤。拌肥肠时加点儿芽菜可以增添风味，肥肠柔而芽菜脆，所以这道菜就是又柔又脆。如果家里没有芽菜，加点儿榨菜、萝卜干也可以。姜的作用是去腥、去异味，在这道菜里加入姜粒，在增香的同时也能减少肥肠的特殊味道。肥肠是猪的内脏，始终有猪油附着，所以这道菜一定是热拌而不是凉拌。

○ 主料		花椒面	少许
生肥肠	500克	芽菜	20克
○ 调辅料		高汤	少许
老姜	20克	大葱	20克
料酒	20克	红油	30克
酱油	5克	芹菜	10克
盐	1克	花椒粒	少许
白糖	3克	菜籽油	适量
醋	5克		

○ 做法

1 肥肠洗净后焯水。

2 焯水后的肥肠加花椒粒、一半老姜、料酒，再次冷水下锅煮一小时。

3 剩余的老姜剁成粒，大葱切段，芹菜剁碎备用。

4 芽菜洗净切碎，锅中倒入适量菜籽油，将芽菜炒香，盛到碗中备用。

5 碗中依次加入酱油、盐、白糖、姜粒。

6 再加入醋、花椒面、芽菜、少许高汤，混合均匀备用。

7 煮好的肥肠趁热切成段，放入大葱打底的盘中。

8 淋上调制好的调料。

9 再淋上红油，撒上芹菜碎即成。

小秘密

· 做这道菜时最好选用猪大肠的肠头或直肠部位，因为其不但肉厚，而且有嚼劲。

· 肥肠是异味比较重的食材，做时一定要挑选品质好的新鲜肥肠。

· 肥肠含有大量油脂，为避免食用后肠胃不舒服，一定要热拌而不能凉拌。

酸 辣 汤

酸辣汤又叫醒酒汤，也许有人会觉得是酒喝多了才能喝的一道汤，其实，我觉得这个汤最大的特点就是非常开胃。胡椒的辣、香醋的酸，还有火腿、鸡蛋、韭黄，每当回味起来都觉得满口生津。

○ 主料		○ 调辅料	
韭黄	150克	白胡椒面	20克
熟火腿	100克	淀粉	50克
鸡蛋	1枚	香醋	50克
		盐	1克
		高汤、猪油各适量	

○ 做法

1 在干淀粉中加入适量水，调成水淀粉备用。

2 韭黄清洗干净，切成粒。

3 将切好的韭黄放入碗中打底。

4 加适量猪油在韭黄里。

5 熟火腿切成粒备用。

6 高汤（做法见第176页）下锅，先下入火腿粒煮几分钟。

7 往汤中依次加入白胡椒面和盐。

8 加入调好的水淀粉。

9 鸡蛋打散搅匀后，下入锅中。

10 最后加入香醋，起锅，倒入盛有韭黄的碗中。

小秘密

· 做这道菜的关键是勾芡，由于不同种类的淀粉其勾芡效果不同，所以制作前最好先试一下所用淀粉的勾芡效果，以浓稠适度、入口滑爽为度。

· 根据不同地区口味需求，除了添加火腿、鸡蛋、韭黄外，还可加入响皮（炸猪皮）、海参、鱼肚等食材。

酸辣牛蛙

牛蛙和青蛙虽然都属于蛙类，都有长长的舌头和健硕的肌肉，但青蛙是"原住民"，一直是我们的"农田卫士"。小时候我曾经在池塘或河边对它"下过黑手"，现在想来，内心是忐忑并有负罪感的。因为我们即便只吃一只青蛙，可能会有成千上万的害虫因此去祸害农田。而牛蛙这个来自美洲的外来物种，我们可以放心大胆地享用。

○ 主料

牛蛙	1只	姜	5克

○ 调辅料

		盐	2克
胡椒面	3克	白糖	1克
小米辣	15克	醋	15克
大蒜	2个	香油	10克
鲜豌豆	50克	葱花	5克
小葱	10克	水淀粉、猪油、啤酒各适量	

○ 做法

1 将牛蛙清理干净，豌豆、小葱、小米辣洗净备用。

2 牛蛙剁成块后依次加入啤酒、胡椒面、葱段、盐。

3 拌匀后码味30分钟。

4 将大蒜切块，小米辣切段，姜去皮后切片；锅内放适量猪油，油温五成热时下入蒜块、小米辣、姜片，煸炒出香味。

5 下入鲜豌豆，继续煸炒。

6 下入牛蛙，并加入清水和白糖，不断搅拌至牛蛙烧熟软后，大火收汁。

7 加入水淀粉勾芡。

8 加醋搅拌。

9 关火后淋上香油。

10 起锅装盘，最后撒上点葱花。

小秘密

· 很多人不吃牛蛙皮，其实牛蛙皮不仅吃起来口感软糯，而且富含胶原蛋白。
· 因为牛蛙体内可能有寄生虫，所以做菜时一定要适当增加烧制时间，让牛蛙完全熟透。
· 还可以根据喜好添加菌类，会更加鲜香。

酸辣小肚

这道菜用的小肚是我们四川人常说的猪尿泡，学名叫膀胱。不少人都把它当成废物扔掉，但四川人却把它当成宝。在四川，很多菜市场都卖，而且价格不便宜，毕竟物以稀为贵，一头猪就一个。小肚绝对算得上是重口味菜式，既然是重口味，那么用的调料肯定也不会清淡，用酸辣味来配搭它再合适不过了。

○ **主料**

		花椒	1克
猪小肚	200克	盐	5克
蒜薹	150克	清水	适量

○ **煮小肚料**　　○ **调辅料**

大葱	5克	小米辣	5克
老姜	5克	醋	15克
料酒	10克	盐	2克
八角	1枚	白糖	10克
白蔻	0.5克	香油	5克

○ **做法**

1 蒜薹掐去尾部并清洗干净，猪小肚反复搓洗干净后，加入煮小肚的料卤煮一小时，取出凉凉。

2 蒜薹切成长3厘米左右段。

3 将凉凉的猪小肚切丝。

4 蒜薹段下入开水中焯熟并冲冷水。

5 将蒜薹捞出，沥干水分。

6 将猪小肚与蒜薹混合放在碗里，依次加入醋、白糖、盐、小米辣。

7 加入香油。

8 拌匀即可。

小秘密

· 猪小肚骚味较重，清洗时可以适当加食用碱，反复搓洗并冲水至无异味。

· 如果不喜欢吃辣，可以不加小米辣，重口味者可多放。

· 没有蒜薹时可用其他素菜代替，如青笋、胡萝卜、香菜、小葱、芹菜等。

怪味味型

"怪"字可以这样理解：人不熟悉、不了解、不平常和生活中几乎没见过的，或者跟自己的感觉和习惯有很大差别的。如果理解了"怪"的意思，那么"怪味"也就很好理解了。我觉得川菜味型中最标新立异也最难做的就是怪味，标准的怪味必须是咸、甜、酸、辣、麻、鲜、香并举。什么叫并举？这让我想起张艺谋的一部电影《一个都不能少》，当我们烹调这个味道时，不但一个都不能少，而且还一个也不能多。这个"多"有两重意思：第一，调料必须是盐、糖、红油、醋、花椒面、芝麻酱、大蒜，不能加一些芥末、五香粉、胡椒等其他调料；第二，加入每种调料的量一定要准确，比如凉拌怪味肚丝，上述必须加入的7种味道需要很均匀，并且需要让人感受到每一种味道的层次。

/
怪味胡豆

/ 怪味肚丝

/ 怪味耳丝

第一点简单，你只要严格按照标准去做就行了，但第二点就相对较难了。你可能会觉得这有什么难的，每种调料按重量添加不就行了。好吧，我只能说你做的是西餐而不是中餐，更非川菜。怪味中用到了盐、糖、红油、醋、花椒面、芝麻酱、大蒜这些调料，但盐有咸度的区别，糖有甜度的变化，红油有色度和辣度的差异，醋有酸度的高低，花椒面有麻度和香度的不等，就算是芝麻酱这么简单的调料，也有黑白之分和火候之别。试问，你如果不尝试、不了解这些调料的性味，怎么可能把怪味做好？不假思索、不辨味道，拿起调料就做，可能调出来的真的就成怪味了，不光四川人不认，可能连老外都不吃！

35

/ 四川怪味面 / 怪味鸭掌

怪味味型是川菜首创且独有的常用味型之一。集众味于一体，讲究各种味道平衡而有层次，因无法用简单话语描述其味，故冠以"怪"字而包含所有。这种味型大多用于冷菜和个别小吃。制作怪味系列菜品调味时，要求比例恰到好处、相得益彰、互为补充。常见菜品有：怪味腰花、怪味肚丝、怪味鸡丝、怪味胡豆、怪味兔丁等。小吃类有：怪味面、怪味抄手、怪味米线等。

怪 味 腰 块

　　猪腰味骚，在制作怪味腰片时，要加姜、葱、花椒、料酒长时间浸泡，这样可以去除猪腰的骚味。大家都知道，我们吃猪腰主要是吃它的鲜嫩，但是猪腰厚薄不均匀，为了入味均匀，鲜嫩适中，需要切花刀，这样出来的成品鲜嫩度就一致了。

○ 主料

猪腰	1个
青笋	150克

○ 调辅料

姜片	5克
大葱段	5克
花椒粒	1克
料酒	10克
清水	适量

○ 怪味料

酱油	5克
醋	3克
盐	1克
花椒面	少许
白糖	2克
水调芝麻酱	10克
红油	15克

○ 做法

1 猪腰洗净后从中间切开。

2 用刀去除猪腰中的白色筋膜，也就是俗称的腰骚。

3 将猪腰泡入清水、姜片、大葱段、花椒粒、料酒混合的调味汁中，浸泡4小时以上。

4 青笋切成小块备用。

5 调料碗中依次放入盐、花椒面、白糖。

6 加入调好的芝麻酱。

7 加入酱油、醋。

8 加入红油后搅拌均匀，备用。

9 泡好的猪腰沥去水分后切成荔枝块，先横切。

10 再竖切，并切成较大的块。

11 锅内水开后先将青笋焯熟，青笋捞出后放盘中打底，再下腰块焯熟，捞出沥水装盘。

12 趁热淋上怪味汁即成。

小秘密

- 购买猪腰时以大小均匀、颜色红润并有弹性者为佳，色泽太深或形状异常的猪腰不要选。
- 用姜、葱、花椒水浸泡过的猪腰，其异味去除得更彻底，进行刀工处理时也更容易。
- 为最大限度去除猪腰的骚味，这道菜最好是热拌。

老 成 都 凉 面

每年的6—8月，是成都最热的时候。在坐着不动都冒汗的季节里，那种热气腾腾的美食瞬间成了大汗的帮凶，而吃碗凉面、喝点儿稀饭成了最好的选择。老成都人都晓得，凉面要想拌得好吃，有好几种调味方法，但其中最好吃也是最难做的，是同时具备酸、甜、麻、辣、鲜、香的怪味凉面，要想把这种味道的凉面做好，有几大要素是必不可少的：第一，面条煮好后要趁热用生清油拌匀；第二，打底必须用绿豆芽；第三，蒜水是用舂出来的独头蒜泥调制的；第四，酸甜味要浓厚；第五，要用又香又麻的花椒面；第六，又香又辣又浓的红油不能少。

○ **主 料**

棍棍切面	150克	醋	10克
绿豆芽	50克	白糖	10克
辣椒油	15克	盐	2克
菜籽油	适量	大蒜	15克

○ **调辅料**

花椒面 1克

酱油 3克 葱花、油酥花生米各适量

○ **做 法**

1 锅中加清水，棍棍切面拿出备用。

2 切面下锅以后，用最大的火将水烧开，一分钟左右就可以挑面起锅。

3 挑起面之前加一点儿冷水、这样面条比较滑爽。

4 沥干水的面条倒入一个大一点儿的平盘中，加入一点儿菜籽油（一斤切面加20克菜籽油足够了），没有菜籽油加其他油也行。

5 反复将面挑起搅匀，让面条快速降温，凉了以后不会发黏。如果一次做很多，可以一边挑面一边用风扇吹，随后摊开，风干冷却。

6 开水焯绿豆芽至断生后凉凉，备用。

7 大蒜捣成泥，放入调料碗中，加入开水。

8 往调料碗中依次加入酱油、盐、醋、白糖、花椒面调匀，备用。

小秘密

· 制作凉面一般选用碱水做的鲜面条，其口感会更好。

· 做好的凉面要尽快食用，否则其表面被风吹干后，口感就会变差。

· 没有鲜面条时，也可用意大利面来制作凉面。

39

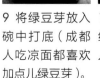

9 将绿豆芽放入碗中打底（成都人吃凉面都喜欢加点儿绿豆芽）。

10 将凉面放在绿豆芽上，并加入调好的调料。

11 淋上辣椒油，撒上葱花，再来点儿油酥花生米，霸道的凉面就做好了。

煳辣味型

　　有一次我请几个外地朋友到工作室喝茶、吃饭、聊天，有人问我一个问题，煳辣味和麻辣味制作时都要用到花椒和海椒，那么做出来是相同的味道吗？如何区分啊？我喝了一口茶，笑着跟他们说："等一会儿吃了饭，你们就明白了。"

　　为了回答他们的问题，席间我给他们分别制作了川菜煳辣味型的代表菜"宫保鸡丁"和麻辣味型的代表菜"辣子鸡"。并且一边吃一边跟他们解释："煳辣味和麻辣味的区别主要是在这个煳字上。煳辣和麻辣虽然都用到了花椒和海椒这两种调料，但煳辣味是在麻辣味上的一种升级，煳辣味在满足我们舌尖的味觉细胞前，其特殊的香味先让我们的鼻子享受了味道。当辣椒和花椒下锅后，只要火候把握恰当，经过高温炒制会迸发出让人食欲大增并且愉悦的煳香味。"

/

川南很多地方喜欢吃这种煳辣子

/

宫保鸡丁

/
煳辣拌鸡

/
煳辣牛肉

煳辣味型是川菜常用经典味型之一，广泛运用于热菜和冷菜制作。以川盐、干红辣椒、花椒、酱油、醋、白糖、姜、葱、蒜、料酒调制而成。其香辣之味是因为干辣椒节在锅中干炒或炸制，使之成为煳辣壳而产生的味道。烹调时要做到辣椒和花椒煳而不焦，需特别注意把握火候，火候不到不香，火候过头又会发黑发苦而影响其味。此味型的热菜因知名菜肴宫保鸡丁而被全世界熟知，其他热菜如花椒鸡丁、宫保腰块、烧拌冬笋也是有滋有味。常见的凉菜有：煳辣黄瓜、炝莲白、炝绿豆芽等。

煳辣味型特点：
香辣咸鲜
回味略甜
用于热菜则回味略带酸甜

41

/
煳辣鱼

/
煳辣牛蛙

/
煳辣肘子

宫保鲍鱼

　　鲍鱼被人们称为"海洋的耳朵"，是一种原始的海洋贝类，同时也是我国传统的名贵食材。现在由于养殖技术的提高，这种曾经让很多人觉得价格高不可攀的海鲜也变得平易近人了。特别是各种个头不大的新鲜鲍鱼，已经成了全国各地老百姓餐桌上的常客。这种食材一般的做法是清蒸或煲汤，但这些清淡的做法对于四川人而言就略显口味单一了，于是就有了各种针对鲍鱼的创新做法，这道宫保鲍鱼就是其中一种。

○ **主 料**

20头鲜鲍鱼	约500克	干辣椒节	15克

○ **码 味 料**

		汉源花椒	1克
料酒	15克	油酥花生米	50克
盐	2克	菜籽油	适量
姜	5克	○ **调味汁**	
大葱	50克	淀粉	5克

○ **配 料**

		醋	5克
葱段	20克	川盐	1克
蒜片	5克	白糖	3克
姜片	5克	胡椒面	2克
料酒	5克	清水	适量

○ **做 法**

  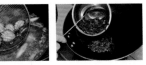

1 用勺子将鲍鱼肉取出。

2 洗净后的鲍鱼肉切花刀，便于入味和成形。

3 将码味料中的大葱切段，姜切大片，切好的鲍鱼加入料酒、盐、姜片、大葱段，码味30分钟。

4 码味后的鲍鱼开水下锅，汆水后捞出（七成熟即可），沥干水分，备用。

5 锅内加少许菜籽油，油温五成热时加入干辣椒节和花椒炝锅。

6 再加入葱段、姜片、蒜片炒香。

7 将码好味的鲍鱼下锅，大火翻炒。

8 加入料酒，将调料的味道炝入鲍鱼肉中（保持大火）。

9 将调料汁中的各种原材料放入碗中，搅拌均匀，下锅勾芡。

10 最后加入油酥花生米炒匀，起锅。

小秘密

· 有些人对鲜鲍鱼过敏，所以建议戴手套加工。

· 为便于调料入味，不建议选特别大的鲍鱼来制作这道菜。

· 此菜勾芡不宜太浓，以芡汁均匀包裹为宜。

煳辣蓑衣黄瓜

蓑衣是古人发明的一种用蓑草或棕树皮做的雨具，我小时候在府南河边见过，后来随着塑料雨衣的普及，蓑衣成了电影或电视剧里面的道具。蓑衣黄瓜当然不是用蓑草或棕树皮编织的黄瓜，而是让黄瓜通过厨师的刀工处理以后，形似蓑衣。蓑衣刀法具体是哪位前辈创造出来的无法查考，但我估计这位前辈创造蓑衣刀法不只是为了美观，而是为了更加实用，因为用这种刀法切出来的黄瓜、茄子、红萝卜等更利于晾晒和风干。

○ **主 料**

黄瓜	2根	盐	适量

○ **调 辅 料**

		干辣椒	5克
色拉油	20克	花椒粒	少许

○ **做 法**

44

1 将黄瓜清洗干净，干辣椒、花椒粒备齐。

2 切蓑衣花刀黄瓜：黄瓜的一面斜刀切（菜刀与菜板成40度角，刀尖接触菜板，菜刀与黄瓜呈90度角，这样能保证黄瓜不切断）。

3 切完一面后，翻过180度，再切直刀（菜刀与菜板成40度角，刀尖接触菜板，注意这个时候菜刀与黄瓜呈45度角）。

小秘密

· 挑选黄瓜时，以粗细均匀且直者为佳。黄瓜表面的小刺越多，说明其越新鲜。

· 用盐腌制后的黄瓜口感更脆。

4 切好的黄瓜用盐腌制30分钟。

5 干辣椒、花椒粒滚油烫出煳辣味。

6 黄瓜摆盘后淋上煳辣油即成。

煳辣蹄花

煳辣子面，行业上一般也叫"刀口海椒"，用煳辣子面做的菜称为"煳辣味"。这个味型能成为川菜几大味型中的一味，足见其独具的辣香咸鲜：以煳辣椒的香气做主调，调以花椒的香气，再调和主料食材的本味，便成就了这一味型。成菜尤以凉拌最能突出煳辣味。炒制煳辣子有两点必须要注意：一是火不能大，二是要不停地翻炒，这样才能保证辣椒均匀受热，香味慢慢溢出。这道煳辣蹄花，蹄花一定不能煮太久，要有嚼劲，这样煳辣与蹄花的组合才堪称完美。

○ 主料

猪前蹄	1根

○ 调辅料

干辣椒	10克
花椒粒	3克
盐	3克
大葱	20克
味精	1克
姜片	5克
酒料	20克
菜籽油	适量
清水	适量

○ 做法

1 猪蹄烧制去毛，刮去表面烧焦部分，清洗干净后剁成块。

2 冷水下锅，汆透后捞出，放入高压锅中。

3 锅内加清水，再依次加入姜片、花椒粒、盐、料酒。

4 将二分之一的葱打结下入锅中，高压锅加盖上汽，20分钟后关火凉凉。

5 锅内加适量菜籽油，油温五成热时下入干辣椒、花椒粒，小火慢慢炒至辣椒变焦，出煳香味后起锅。

6 将炒制好的煳辣子剁细。

7 捞出凉凉的蹄花，去除大骨，放入盘中，放上煳辣子、盐、味精，再加入剩余的葱（切段）拌匀后即可食用。

小秘密

· 猪蹄用火烧制后可彻底去毛，也可减少异味。

· 如果不用高压锅，那就需要花费更多的时间将猪蹄煮制熟软，一般煮制时间在一个半小时以上。

· 还可用牛蹄、羊蹄等替代猪蹄。

陈皮味型

20世纪80年代初的一个早晨，我被门口马路边老解放汽车的刹车排气声和喇叭声吵醒了，拉开门一看，马路边，深秋的阳光透过树荫，斜照在满满一车用竹筐装着的红橘上。马路对面，邻居的一个亲戚正在指挥着搬运工，把车上的红橘搬到路边临时用楠竹撑起的帆布篷中。在那个年代，对我们这些小屁孩而言，这真算得上是"橘红色的诱惑"啊。临近中午，一大群人在帆布篷下一字排开，剥橘子皮流水线开工了。负责传递的、负责剥皮的、负责分装橘皮橘肉的，还有负责在一边看、顺便靠着嘴巴甜吃点橘子的一大群娃娃，其中一个就是我。就是在那个时候，我知道了橘子皮居然是宝贝，晾干了叫作陈皮。

/
四川的橘子

/
四川陈皮

/
陈皮味道独特

川人餐桌上的川菜最大的几个特点就是来自于民间，用料广泛并善于化腐朽为神奇。我斗胆猜想：数百年前，某一位或几位善烹的前辈，在吃橘子的过程中，受橘皮奇香启发，巧妙地将新鲜橘皮晒成陈皮入菜，取其香味，制作出了陈皮兔丁、陈皮牛肉、陈皮鸭胸等菜品。他们用这种通常被丢弃的"废物"，配以辣椒、花椒、盐、糖等辅料，调配出了流传至今的川菜传统味型——陈皮味型。

陈皮的"陈"字在此处应理解为"旧的，时间长久"的意思，而不是姓氏中的陈姓或述说、陈诉之意。正确理解了"陈"字，就能明白为什么选购陈皮时要首选时间久的。网上曾有卖家声称，自己储存的有超过50年的陈皮，由于本人刚到不惑之年，这种价格奇高的陈皮居然比我还年长几岁，所以真是没有资历去辨明其真伪了。

陈皮味型特点：
陈皮芳香
麻辣味厚
略有回甜

47

/
四川传统名菜陈皮牛肉

陈皮味型是川菜经典常用味型之一，多用于冷菜。以川陈皮、川盐、酱油、醋、花椒、干辣椒节、姜、葱、白糖、红油、醪糟汁调制而成。调制时陈皮用量不宜过多，且应先用温水浸软，这样做可以降低陈皮的苦味，下锅炒制时也更易出味。成菜以略带陈皮香为度。添加白糖、醪糟汁仅为增鲜，略感回甜即可。此味型基本用于家禽、家畜等肉类原料的菜肴，如陈皮鸡、陈皮牛肉、陈皮兔丁、陈皮乳鸽等。极少用于素菜类原料。

陈 皮 牛 肉

　　我国是橘子的原产国，有4000年以上的柑橘栽种历史，而四川正是红橘主产地之一。几十年前，金堂、广安、合江、资中等柑橘产区还以它作为当地土特产名片，在那个树上的果实还是自然成熟的年代，这红彤彤的红橘随着运输车走向了全国各地。一到深秋，四川广袤的丘陵地带，那挂在树上的红彤彤的橘子，在绿叶的陪衬下，就像一个个的小红灯笼。不知不觉间，四川人已经在享受秋收喜悦的同时，幸福地吃了几千年的橘子了。

　　四川历来就是陈皮的主产地之一，今天，我们咀嚼着加入陈皮的菜品时，舌尖享受着麻辣回甜的感觉，唇齿间弥漫着陈皮带来的幽香……

○ 主 料

精牛腿肉	1000克	糖色	50克

○ 调 辅 料

		干辣椒节	50克
陈皮	10克	花椒粒	1克
盐	5克	味精	2克
冰糖	50克	菜籽油、清水各适量	

○ 做 法

1 将3克陈皮用温水洗净后剁细备用。

2 牛腿肉洗净后切成1.5厘米左右见方的方块。

3 炒锅中加入菜籽油，油温七成热时下入牛肉块，炸至牛肉块酥香即可出锅，盛入碗中备用。

4 另起油锅，加少许菜籽油，油温五成热时下入剩余的陈皮，煸炒出香味。

5 加入干辣椒节、花椒粒继续煸炒。

6 下入炸过的牛肉，大火翻炒后依次加入清水、冰糖、糖色（做法见第120页）、盐，搅拌均匀。

7 中火烧半小时左右至牛肉入味，大火收汁，用勺子捞出大块陈皮。

8 最后撒上陈皮碎和味精，炒匀即可出锅。

小秘密

· 一般来讲，牛肉颜色深的老，颜色浅的嫩，煮制时可根据牛肉的嫩度来调整烹制时间。

· 这道菜中的陈皮可以用新鲜橘皮或橙皮代替，但口感有差异。

· 做好的陈皮牛肉最好是在密闭容器中放几个小时后再食用，这样牛肉更入味，口感也更佳。

陈皮兔丁

这款陈皮兔丁集营养、保健、美味于一身，害怕吃多了肉长胖的妹子们，可以尝试一下这款低脂肪的兔肉啊！

○ 主料

新鲜兔肉	半只	冰糖	5克

○ 调辅料

		糖色	30克
五香粉	5克	香辣豆豉酱	20克
盐	5克	白酒	5克
料酒	10克	味精	2克
老姜片	5克	熟白芝麻	适量
陈皮	5克	菜籽油	适量

○ 做法

1 新鲜兔肉洗净，剁小块，加入五香粉、盐、料酒、老姜片后拌匀，码味30分钟。

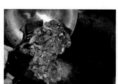

2 锅内加入适量菜籽油，油温六成热时下入码好味的兔丁，大火煸炒。

3 煸炒至水分收干以后，加入切成小块的陈皮。

4 再加入适量冰糖。

5 加糖色（做法见第120页）。

6 加入香辣豆豉酱（没有可用老干妈辣椒酱代替），炒出香味。

7 起锅前加入一点高度白酒提香，加味精炒匀。

8 最后撒点熟白芝麻就可起锅了。

小秘密

- 一定要选用新鲜兔肉来制作这道菜，冷冻兔肉吃着腥味重且不滋润。
- 煸炒一定要到位，这样才能达到成菜口感。
- 香辣豆豉在这道菜中是点缀，不可多加，夺了陈皮的味。

豉椒味型

如果说除了盐和辣椒以外，还有哪一种调料可以将麻婆豆腐、生爆盐煎肉、咸烧白、麻辣兔丁、拌凉粉、煮凉粉、毛肚火锅、串串香这些耳熟能详的川味经典联系在一起？答案就是：豆豉。豆豉是豆类经过筛选、清洗、浸泡、沥水、蒸煮、冷却以后，在适合的温度和湿度环境下发酵而成的。四川人炒菜用的豆豉有黑豆豉、水豆豉、姜豆豉、红苕豆豉等，其中黑豆豉是最常见和最常用的，我们开篇说到的那些四川名菜大多用的就是黑豆豉。

现在四川最出名的黑豆豉有两个百年以上的老字号：潼川豆豉和太和豆豉，二者中又以潼川豆豉历史更为悠久。这两个老字号现在虽然一个地处绵阳地区的三台县，一个地处成都市，但它们却同门同宗，其祖先都来自我国豆豉的发源地——江西省。

/
四川黑豆豉

潼川豆豉

从邱正顺开"正顺"号酱园至今，潼川豆豉已有200多年的规模化生产历史。据1930年的《三台县志》记载：清康熙九年（1670年）左右，邱正顺的祖先从江西迁到潼川府（今三台县），在南门生产水豆豉，做零卖生意。他根据三台县的气候和水质，不断改进技术，采用毛霉制曲生产工艺，酿造出色鲜味美的豆豉，因三台古为潼川府，故习惯称为潼川豆豉。清康熙十七年，潼川知府以此作为贡品敬献皇帝，得到赞赏，被列为宫廷御用珍品。从此名噪京城，进而逐渐为全国知晓。

太和豆豉

"太和"号创建于清咸丰年间，起初是成都古老手工作坊酱园，由江西抚州府金溪县人胡氏创办于清道光晚期，名号"元利贞"，选址成都棉花街菜市，咸丰年间迁址成都正府街，并更名为"太和号"。"太和号"除了生产豆豉外，还生产酱油、豆瓣、醋、酱菜等等。

豉椒味型特点：
豉香浓郁
辣而不燥
回味悠长
- - - - - - - - - - - - - - - - - - - -

/
四川坨坨豆豉

/
家常豆豉

53

豉椒味型即是以豆豉入肴调味，取豆豉的豆香、酱香和咸鲜味，辅以辣椒（鲜青椒、小米辣或泡辣椒、炝辣椒等），其风味呈现出鲜香酱辣的口感。通常多用于热菜，像豉椒鱼、水豆豉爆鸭舌、水豆豉拌花仁等。

豉椒味型的变化很多，其中"豉"字是指豆豉，大体分为黑豆豉、干豆豉、家常豆豉、水豆豉等，是豉椒味型的基础。而"椒"字指的是辣椒，大体分为干辣椒、鲜辣椒、刀口辣椒、糍粑辣椒、辣椒面、泡辣椒、各类豆瓣酱等，是香味的综合和辣味的来源。豉椒味型的典型菜品有：拌兔丁、豉椒凉粉、冒凉粉、豉椒鲫鱼、水豆豉烧鳝鱼、腊肉炒豆豉、豉香牛排。

豉 椒 牛 心

  每逢过年时，除了那些必上的菜，总想让家人吃到不一样的味道。这道豉椒牛心，就是一道既传统又有创新的凉菜，而制作这道菜的关键在于豉椒味的调制。成就一道菜，除了上好的食材，调料也是当之无愧的主角。一般来说，豉椒味都用来拌兔丁、拌凉粉，不过稍稍改良，用来拌牛肉、牛舌、牛心等，也不失为餐桌上色、香、味别具一格，能与夫妻肺片相媲美的风味凉菜。

○ **主料**

牛心	1个	小米辣	15克

○ **调辅料**

		味精	5克
草果	1枚	花椒粉	1克
八角	2枚	香菜碎	20克
盐	2克	芹菜	100克
料酒	10克	花椒粒、桂皮	各少许
豆豉	30克	菜籽油、清水	各适量

○ **做 法**

1 将清理干净的牛心冷水下锅，加入草果、八角、桂皮、花椒粒。

2 加入盐。

3 加入料酒后继续卤制1小时。

小秘密

· 在下锅前最好检查一下牛心管中是否有血块，如果有，需要清除，这样可有效减少牛心的腥味。

· 如果不喜欢吃辣，可以减少小米辣的用量或用不辣的辣椒代替。

· 将热油淋到剁细的豆豉上，可以有效激发豆豉的香味，油温太低则达不到效果。

4 将牛心捞出凉凉。

5 将芹菜切段，煮熟的牛心切片后码放在芹菜打底的盘子中。

6 将小米辣剁碎，放入小碗中备用。

55

7 豆豉剁碎后也装入小碗中。

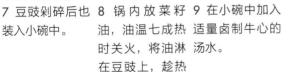

8 锅内放菜籽油，油温七成热时关火，将油淋在豆豉上，趁热拌匀。

9 在小碗中加入适量卤制牛心的汤水。

10 加入味精、花椒粉、盐拌匀。

11 加香菜碎后拌匀。

12 将调好的汤汁淋在牛心上即可上桌。

炒坨坨豆豉

坨坨豆豉又叫风味豆豉、红苕豆豉、姜豆豉坨坨，是干黄豆煮熟发酵以后加盐、粑红苕（四川人把红薯称为"红苕"，粑红苕就是蒸、煮、烤熟以后的红薯）、老姜、海椒面，搓圆以后晒干而成的，距今已有几百年的历史。好的坨坨豆豉入口味道层次分明，豆豉的干香和鲜味持久，川盐混合粑红苕的咸甜味恰到好处，海椒和姜的辣味是味道后段有益的补充。吃了这种古老的美食，我们不得不对古人产生敬意，几种平凡无奇的原料经过巧手和时间的孕育，竟能变成传世美味。以前很多成都菜市场都有卖坨坨豆豉的，但最近几年越来越少了。这种费工、费时但赚不到钱的生意慢慢从城市回归到了乡村，那次去泸州叙永县能看到、尝到这种久违的调料，真是有点小激动，我的舌尖又可以让这种期盼已久的味道来滋润了。

○ **主料**

坨坨豆豉	3个
五花肉	200克
青蒜	50克

○ **调辅料**

菜籽油、花椒	各适量
黄酒	10克
酱油	5克
味精	1克

○ **做法**

1 取出坨坨豆豉，备用。

2 将坨坨豆豉在手中捏碎，装入碗中。

3 五花肉去皮后切成丁。

4 青蒜洗净后切段。

5 锅内放入适量菜籽油，油温五成热时下入花椒、五花肉丁，中火炒至吐油。

6 依次加入黄酒、酱油、豆豉，继续煸炒出香。

7 起锅前加入青蒜段和味精，炒匀即可。

小秘密

- 购买坨坨豆豉时最好尝一尝，太咸或太淡都不好。
- 炒这道菜时要用中小火慢慢炒，将五花肉的脂肪彻底融入豆豉中才好吃。
- 坨坨豆豉在制作时已经加盐，所以做这道菜时不用加盐。

豉 椒 空 心 菜

空心菜是四川人夏季餐桌上最常见的菜之一，究其原因，主要是夏天正当季，并且好吃、价廉；另外，空心菜全身都是宝，不仅叶子可以炒、煮面、凉拌，其秆炒后也是很好的下饭菜。我们川人最爱吃的豉椒空心菜，四川人也叫炒蕹菜秆秆。

○ **主料**

空心菜	300克

○ **调 辅 料**

菜籽油	适量
豆豉	15克
青椒	50克
盐	1克

小秘密

· 空心菜秆下锅后不可炒太久，否则容易发黑。

· 因为豆豉的咸度不同，所以加盐量要根据豆豉的咸度来调整。

· 没有空心菜的季节可以将主料换成青椒、芥菜秆、茄子等。

○ **做 法**

1 空心菜择去叶子，菜秆洗净，青椒洗净，备用。

2 空心菜秆和青椒切粒。

3 锅中放适量菜籽油，油温五成热时下入豆豉，炒香。

4 下入青椒粒，翻炒。

5 下入空心菜秆，大火继续翻炒。

6 加盐后炒匀，出锅。

荔枝味型

晚唐诗人杜牧《过华清宫三绝》诗云："长安回望绣成堆，山顶千门次第开，一骑红尘妃子笑，无人知是荔枝来。"当年正上小学，第一次读到这首古诗时，我还没吃过荔枝，只是听一位曾经走南闯北的邻居说过："荔枝又叫离枝，是一种水果，我们四川的泸州合江县在2000多年以前就种植了。这种水果保鲜很难，采摘后最多几天就会坏掉。"他还告诉我，四川人常吃的锅巴肉片就是模仿荔枝的味道做出来的，川菜大师们把这种味道命名为"荔枝味"。

/
荔枝

/
荔枝味缺不了上等的四川泡辣椒

/
泡椒为菜肴增色不少

20世纪80年代末期，亲戚去广东出差带回了我梦寐以求的荔枝。初见荔枝时，它那干巴巴、蛇皮般的样子真是和我的想象相差甚远，待我剥开表皮一口吃下去，白嫩嫩的果肉汁水四溢，味道酸酸甜甜，果然和川菜锅巴肉片的味道非常像。

荔枝味型特点:
味似荔枝
酸甜适口
咸鲜味明显

/
荔枝瓦块鱼

荔枝味型是川菜常用经典味型之一，多用于热菜，极少用于冷菜。以川盐、醋、白糖、酱油、糖色、味精、料酒调制，并取姜、葱、蒜的辛香和味而成。调制这种味道时，先要有足够的咸味，在此基础上再来突出酸味和甜味，糖一定要少于醋，注意酸甜比例要适度。蒜、姜、葱，仅取其辛香气，用量不能过重。酱油或糖色用于调色，不可过多。因不同菜肴风味的需要，也可分别添加泡辣椒、豆瓣或香油。荔枝味型通常以猪肉（也用猪腰、猪肝等）、鸡肉、鱿鱼及部分蔬菜为原料，典型菜品有锅巴肉片、荔枝鸭脯、荔枝腰块、荔枝鱿鱼花等。

锅巴肉片

小时候用柴火煮饭时，锅底总会有一层厚厚的锅巴，趁热抹上点儿猪油，撒上点儿盐，就是我们儿时最好的零食了。锅巴肉片的历史不长，也就一百多年。做这道锅巴肉片时，除了讲究色、香、味、型以外，还增添了一种诱人的声音：炒好的汤汁趁热倒在滚烫的锅巴上时，会发出"嗞嗞"的响声，这一声就是锅巴肉片的特点。制作这道菜时，注意锅巴一定要干、薄，这样炸出来的锅巴才酥脆，并且还要先炒汤汁，再炸锅巴，这样才能听到那一声响。

○ **主料**　　　番茄　　150克　　料酒　　5克
猪腰柳肉　150克　　　　　　　　　酱油　　5克
锅巴　　　200克　○ **调辅料**　　　泡辣椒　10克
　　　　　　　　　菜籽油　适量　　白糖　　80克
○ **配料**　　　　清水　　适量　　醋　　　60克
青笋　　　100克　老姜　　3克　　水淀粉　适量
黄花　　　30克　　大葱　　5克　　盐　　　2克
木耳　　　30克　　大蒜　　5克　　胡椒面　1克

○ **做法**

1 青笋切成菱形片，番茄去皮后切片，黄花、木耳泡发、洗净后备用。

2 将猪腰柳肉切成片，放入碗中备用。

3 泡辣椒、老姜、大葱、大蒜切好，备用。

4 往肉片中加入酱油、料酒、水淀粉，码味备用。

5 锅内放入适量菜籽油，油温五成热时下入姜、葱爆香。

6 锅内下入肉片，炒散。

7 加入泡辣椒继续煸炒。

8 炒至肉片散发出香味，吐油后加入适量清水。

9 水开后，下入青笋。

10 依次加入番茄、黄花、木耳，搅拌均匀。

61

11 依次加入胡椒面、盐、白糖，搅拌均匀。

12 加入醋，炒匀。

13 用水淀粉勾芡。

14 盛入盘中，备用。

15 另起锅，加入适量菜籽油，烧至油温六成热时，下入锅巴炸至金黄、酥脆。

16 迅速捞出锅巴装盘。

17 将炒好的汤汁快速倒在锅巴上即成。

小秘密

· 锅巴要干、薄，炸出来才酥脆。

· 如果不是两口锅同时操作，那就需要先炒汤汁，再炸锅巴，而且动作要快，否则炸好的锅巴温度降低，淋汤汁时就不会有响声了。

· 还可将肉片换成鸡片、鱿鱼花、鱼片等食材。

荔枝鸭脯

鸭脯肉其实就是鸭子胸部的肌肉。禽类动物的肌肉最发达的部位就是胸部，毕竟此部位的肌肉直接关系到飞行。虽然在长久的进化过程中，被人类驯化了多年的鸭子已经基本失去了飞翔的能力，但它们胸部的肌肉却依然健硕地存在着。用鸭胸脯肉来制作一种绝对川式的美味佳肴——荔枝鸭脯。

○ 主料

鸭脯肉	1块	姜片	5克	醋	10克
水发木耳	50克	大蒜	5克	白糖	5克
水发玉兰	100克	大葱	10克	胡椒粉	1克

○ 调辅料

		豌豆粉	10克	高汤	适量
菜籽油	适量	盐	2克	鸡蛋	1个
泡椒	20克	酱油	3克	料酒	10克

○ 做法

1 鸭脯肉切成片，装入碗中备用。

2 往碗中依次放入1克盐、5克豌豆粉和料酒。

3 将鸡蛋清加入鸭脯肉中，搅拌均匀，码味备用。

4 大蒜切片，大葱切成马耳朵状，备用。

5 泡椒切成马耳朵状，备用。

6 水发玉兰切片，备用。

7 水发木耳清理干净，备用。

8 锅里放入适量菜籽油，油温六成热时下入鸭脯肉，稍定形后捞出，待油温再次升至六成热时，将鸭脯肉再次下入油中，炸至酥脆，捞出备用。

9 勾兑碗芡：碗中依次放入5克豌豆粉、1克盐、酱油、醋、白糖、胡椒粉、高汤（做法见第176页），搅拌均匀。

10 锅内加少许油，下入姜葱蒜、泡椒，炒出香味。

11 下入玉兰片和木耳，炒匀。

12 加入炸过的鸭脯，继续炒匀。

13 下入碗芡，炒匀即可出锅。

小秘密

- 鸭脯肉还可换成鸡胸脯肉、猪肉、鱼肉等。
- 鸭脯肉炸好后需尽快炒制并上桌食用，以保证其表皮酥脆，时间稍长就会回软。
- 起锅前勾碗芡需浓淡适宜，芡汁均匀包裹肉片即可。

鱼香味型

　　我是一个成都人，童年是在被誉为"成都母亲河"的府南河边度过的。由于邻河而居，所以我自幼对各种捕鱼工具就驾轻就熟，捕到的鱼也不计其数。各种活蹦乱跳的鱼抓在手上，除了弄得满手黏液，还留下一股腥臭味，这种味道和我们餐桌上的鱼香味真的是相去甚远。所以鱼香味绝非是天然形成的，而是人工调配和烹饪的结果。想做出正宗的鱼香味，缺不了以下几种调味料：泡海椒、大蒜、老姜（或泡仔姜）、陈醋、白糖、葱花，其中最重要的就是泡海椒了。

　　每年农历五月到中秋节前后是四川辣椒的成熟期，四川大多数家庭都会在这个时候用二荆条（四川的一种辣椒，因形似荆条而得名）制作泡海椒。每家的泡菜坛子都是传家宝，都充满了故事。我家用的那几个大小不一的泡菜坛子还是奶奶留下的，其中一个的坛沿用水泥补过，那是我小时候调皮的结果。

64

/
四川江河众多，有水自然少不了鱼

好大的四川泡菜坛子

1995年府南河改造，我们搬新家时，泡菜坛子享受的是专车待遇，几个坛子被母亲小心翼翼地放上长安面包车。我帮她关上车门，跃进驾驶室往后一看，后座上的母亲稳坐其中，左边抱着一个泡菜坛子，右边搂着一个泡菜坛子，脚下还夹着一个泡菜坛子。一路上我改掉了以往的狂野风格，感觉自己像是在开国宾车，特别小心翼翼，稳稳当当。即便如此，后面的母亲嘴里还一直念叨，慢点儿，慢点儿。

鱼香味型是川菜首创并独有的常用经典味型之一，因"吃鱼不见鱼"的美誉而被熟知。此味型最早源于四川民间独具特色的烹鱼调味方法，除了其代表菜鱼香肉丝和鱼香茄子以外，也广泛用于其他热菜和冷菜。鱼香味型以泡海椒、川盐、酱油、白糖、醋、姜粒、蒜头、葱花调制而成。此味型最关键的是四川泡海椒（泡红辣椒），没有上等的泡海椒不可能做出完美的鱼香菜式。用于冷菜时，调料不下锅，不用芡，醋应略少于热菜的用量，而盐的用量则应较多一点。无论是用于冷菜或热菜，糖和醋皆需适宜。其主要应用在以家禽、家畜、蔬菜、禽蛋为原料的菜肴，特别适用于炸、熘、炒之类的菜肴。热菜典型菜品有鱼香肉丝、鱼香烘蛋、鱼香茄饼、鱼香八块鸡、鱼香油菜薹等，冷菜典型菜品有鱼香青元、鱼香胡豆等。

鱼香味型特点：
咸甜酸辣兼备
姜葱蒜香气浓郁

65

鱼香圆子

鱼香肘子

泡海椒制作

说实话，我做的泡菜没有我妈做得好吃，我觉得做泡菜就是一门学问，四川几乎每家每户都做泡菜，但是每家的泡菜味道又完全不一样。

○ **主料**		矿泉水	1500克
新鲜红辣椒	500克	大蒜	20克
		八角	2枚
○ **调辅料**		汉源花椒	9克
盐	300克	四川白酒	10克

○ 做法

1 将红辣椒清洗干净，晾干表面水分，剪去辣椒蒂。

2 剪去辣椒尖。

3 用牙签在每个辣椒上扎一个洞，这样便于辣椒入味。

4 起泡菜水的盐先加汉源花椒炒出香味。

5 新泡菜坛子泡水去火并洗净，加水至3/5的位置，讲究的可用山上积雪融化后的雪水，简单点儿的就用矿泉水代替。

 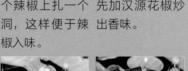 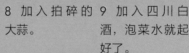

6 将炒好的椒盐倒入泡菜坛子，充分搅拌至盐完全化开。

7 加入八角。

8 加入拍碎的大蒜。

9 加入四川白酒，泡菜水就起好了。

10 泡菜水起好以后，将红辣椒放入其中，根据用途掌握浸泡时间。

66

 小秘密

· 新买的泡菜坛子要装满水泡3天，这样可以消除新坛子的火气，要不然泡的泡菜永远不会脆！

· 坛沿的水其作用是用于阻隔空气，所以任何时候泡菜坛子的坛沿水都不能干。

· 每周给泡菜坛子表面洗洗澡以保持清洁。

· 夏天不能让泡菜坛子晒太阳，因为泡菜喜冷不喜热。

· 辣椒一定是二荆条辣椒，不能用全红的，以乌红或红中夹点绿的最好，泡下去几天就全红了。

· 作为下饭泡菜，一般泡3天就可以食用；作为做菜调味料，则需泡3个月以上。

· 每次取泡菜时尽量不用手抓，用干净、无油污的筷子更卫生、方便。

凉拌鱼香茄子

很多人吃过的经典川菜鱼香茄子都是以热菜的形式上桌的，其实，在广博的川味菜品中，鱼香茄子乃至整个鱼香菜系是分为冷热两种做法的。下面就给大家介绍这款凉拌的鱼香茄子。

○ 主料

茄子	1根

○ 调辅料

泡海椒	40克
泡姜	20克
大蒜	30克
白糖	10克
香醋	10克
盐	1克
葱花	10克
菜籽油	适量

1 茄子洗净，切成条状，放入蒸锅蒸8分钟，装盘凉凉。

2 将冷却后的茄子沥干水分，备用。

3 泡海椒、泡姜、大蒜混合后剁细（比例为4：2：3），放入碗中备用。

4 锅内放适量菜籽油，烧到油温八成热时关火，迅速淋在剁细的料上。

5 趁热加入白糖和香醋（糖醋味的浓淡可依据自己喜好，糖醋比例在1：1左右调整），加盐和葱花后拌匀。

6 将调好的鱼香汁浇在茄子上即可。

小秘密

· 选茄子时要买表皮不那么光滑的，表皮越光滑的茄子越老。

· 茄子不能用水煮，否则水分太多，凉拌后不入味。

· 还可将茄子换成土豆、白菜、粉丝等。

老派鱼香肉丝

鱼香味是川菜独有的的味型之一，代表菜有鱼香肉丝、鱼香茄子。其中鱼香肉丝为荤菜，鱼香茄子为素菜。我们常吃到的加青笋或竹笋的鱼香肉丝属于现代版本，与传统鱼香肉丝做法略有不同，它们最大的区别就是配料的不同，传统老版本鱼香肉丝没有那么多配料，相对来说，成菜肉更多，味道也更纯粹。

○ **主　料**

猪肉丝	200克
（肥瘦比例3：7）	
水发小木耳	100克
葱弹子	100克

○ **瘦肉丝码味料**

酱油	5克
料酒	5克
淀粉	5克

○ **碗芡调料**

盐	1克
白糖	20克
醋	20克
胡椒面	1克
水淀粉	10克

○ **调　辅　料**

菜籽油	适量
泡海椒	20克
泡姜	10克
大蒜	15克

○ **做　法**

1 锅内加入少许熟菜籽油，大火烧至油温六成热时下入肥肉丝，炒香吐油。

2 下入剁细的泡海椒，炒香。

3 下入切成粒状的泡姜、大蒜，炒香。

4 瘦肉丝中加入酱油、料酒、淀粉，码味均匀后下锅快速炒散。

5 加入泡发好的小木耳，炒匀。

6 下入葱弹子炒匀。

7 碗中依次放入盐、白糖、醋、胡椒面、水淀粉，混合均匀，下入碗芡，快速炒至收汁。

8 出锅装盘即可。

小秘密

- 做这道菜的猪肉丝中添加了一点肥肉，这样炒出来的鱼香肉丝更润。
- 大葱不能选太粗的，筷子头粗细最适合。
- 勾芡不可太浓，收汁亮油即可。

鱼香鲍鱼

　　鲍鱼虽然名字里面有个"鱼"字，其实不是鱼，是来自海底的一种贝类。野生鲍鱼是美食家眼里的珍馐，甚至被誉为"餐桌上的软黄金"。由于真正的野生鲍鱼现在产量很少，因此价格昂贵，我们现在常见常吃的都是养殖的品种。鲍鱼的等级按"头"数计，有"2头""3头""5头""10头""20头"等，头数越少，价钱越贵。其实就味道而言，大小鲍鱼区别不大，做出来的成品好吃入味才是重点。

○ **主 料**		盐	1克
10头鲜鲍鱼	8个	料酒	20克
○ **调 辅 料**		醋	15克
泡海椒	100克	水淀粉	15克
蒜	50克	葱花	10克
泡姜	30克	青葱丝	5克
白糖	10克	菜籽油、清水 各适量	

○ **做 法**

1 用勺子取出鲍鱼肉，鲍鱼壳洗净氽水备用。

2 鲍鱼肉洗净，切十字花刀。

3 锅内放入适量菜籽油，油温五成热时下入剁细的泡海椒，炒香出色。

4 再加入切成粒的泡姜和蒜，炒香。

5 加入适量清水。

6 加入料酒、白糖，依据自己口味加盐。

7 处理好的鲍鱼下锅后中火加盖烧制10分钟，让鲍鱼入味。

8 将熟透的鲍鱼捞出，装入壳中，摆盘。

9 余下的汤汁中加入葱花。

10 加醋（糖醋比例按1：1添加，也可依据自己口味适当增减），汤汁勾芡（芡汁应稍浓）。

71

11 将调好的鱼香汁浇于鲍鱼表面。

12 盘中点缀青葱丝后即可。

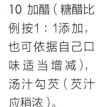

小秘密

- 新鲜鲍鱼不要选太小的，这样装盘出来显得大气。
- 鲍鱼烧制的时间不可缩短，这是入味的关键。
- 餐厅大量制作时也可将鲍鱼用小火煨于料汤中，上菜前勾芡挂汁即可。

家常味型

北魏农学家贾思勰的《齐民要术·飧饭》中提到："因家常炊次，三四日，辄以新炊饭一椀酸之。"说的是用家里常煮的米饭来发酵制作寒食酸浆的办法。现在"家常"两个字是指家庭起居、饮食等方面的日常生活。

四川的家常主食是米饭，自从川人祖先们开始食用米饭起，家里日常的下饭菜就是一个绕不开的问题。如果你问我家里什么菜最好吃、最下饭，作为一个四川人，我的回答肯定是家常味型的绝对代表菜——回锅肉。

在我的印象中，有不会说四川话的四川人，但却从未听说有不知道回锅肉是啥滋味的四川人。川内知名美食家李树人老先生说："在四川，一百个家庭就会有一百种回锅肉的味道。"餐桌上这一百种味道的后面，还会有一百个和回锅肉有关的家常故事。

/
豆瓣鱼

/
好大一锅柴火炒回锅肉

/
川菜之魂——豆瓣酱

/
色泽鲜红的豆瓣酱

家常味型在四川是最具群众基础的、川菜独有的常用经典味型之一，被世人熟知的川菜之王——回锅肉，正是这个味型当之无愧的代表。"家常"一词，按辞书意为"寻常习见，不烦远求"。川菜以"家常"二字来给此味型命名，是取"居家常有"之意，因为每家有每家的习惯和口味，所以家常味型相当灵活，变化很多。家常味型以郫县豆瓣、川盐、酱油调制而成，广泛运用于炒菜和烧菜等热菜。四川豆瓣酱也因此味型而被誉为"川菜之魂"。实际制作此类菜品时，因不同菜肴风味所需，还可酌量添加元红豆瓣或泡红辣椒、料酒、豆豉、甜酱及味精。家常味型咸鲜微辣的程度因菜而异，变化极大，不能千篇一律。其应用范围极广，以鸡、鸭、鹅、兔、猪、牛、海参、鱿鱼、豆腐、魔芋以及各种淡水鱼为原料的菜肴都适用。典型常见菜品有回锅肉、家常海参、盐煎肉、家常豆腐、家常牛筋、家常豆瓣鱼等。

家常味型特点:
咸鲜微辣
因菜式所需
或回味略甜
或略有醋香

73

/
胡豆就是蚕豆

/
胡豆是制作四川豆瓣酱的重要原材料

豆瓣酱制作

我每年都会做很多成都家常豆瓣酱，今年就要更多做一些了。因为四面八方的"粉丝"早就给我下了任务，还放下狠话："火哥，你要是今年不给我做豆瓣酱，那么到时候我就来你家抢！把你家的豆瓣酱坛子直接端走！"

○ 主料

二荆条辣椒	3000克
小米辣辣椒	1000克
霉豆瓣	1000克

○ 调辅料

盐	1000克
青花椒	250克
生菜籽油	1000克
白酒	50克
矿泉水	1000克

小秘密

- 豆瓣酱是自然发酵的美食，受气候和温度的限制，除了四川及周边部分地区外，其他大多数地区都无法制作出醇正的四川味道，特别是北方。
- 好的豆瓣酱需要时间的孕育，不能急。
- 盐最好选用四川的井盐，只有用井盐做出来的豆瓣酱口味才醇正。

○ 做法

1 二荆条辣椒和小米辣辣椒是成都家常豆瓣酱的主要材料，可依据口味对两者的比例进行调整。

2 每一个辣椒在去蒂时，都需要检查其好坏，即便有一点坏的都要扔掉。

3 为了尽可能地把辣椒清洗干净，所有辣椒都要洗3次。

4 洗好的辣椒装在簸箕里面晾干水分。

5 辣椒晾干后，就开始宰（刹）辣椒了。

6 宰好的辣椒加800克盐，一定要及时加盐，要不辣椒会变质。

7 用水清洗霉豆瓣。

8 洗霉豆瓣时要轻轻搓，如果太用劲，豆瓣就碎了。

9 将沥干水分的霉豆瓣加入可以日晒的容器中，最好是陶器或瓷器。

10 加入矿泉水。

11 加入干青花椒。

12 加入200克盐。

13 加入白酒，并搅拌均匀。

14 再加入生菜籽油并搅拌均匀，这时就可以拿出去晒了。

15 豆瓣酱制作的关键就是日晒夜露，时间要持续15天左右（根据天气来定），为了卫生一定要加盖。

16 将晒好的豆瓣酱加入辣椒中搅匀。

17 最传统的老成都油豆瓣酱就做好了。

家 常 豆 瓣 鱼

20世纪70年代，成都府南河的河水还是很清亮的，河里的鱼多得很。那时家里从来不缺鱼吃，想吃鱼了，扛起网到河边晃一圈就有了。我最喜欢吃的鱼是中等大小的红尾巴鲤拐子，也就是鲤鱼，下锅后捻点儿泡海椒，再来点儿家常豆瓣和泡青菜，起锅时撒点葱花……那个味道不摆了！

○ 主 料

鲤鱼	1条	泡椒	20克	白酒	6克	水淀粉	15克
	约500克	泡仔姜	15克	白糖	4克	葱花	5克

○ 调辅料

家常豆瓣酱	30克	大蒜	10克	醋	4克	清水	少许
		泡青菜	20克	鸡精	2克	菜籽油、猪油各适量	

○ 做 法

1 将活鲤鱼杀好，洗净。

2 在接近鱼头的部位开个口，抽出鱼头两面白色筋。然后在鱼背斜切几刀。

3 把泡仔姜、大蒜剁成粒。

4 泡椒去子后剁细。

5 锅内下菜籽油，油温七成热时将鱼下油锅炸至表皮收紧后捞出，备用。

6 锅内加少许猪油和菜籽油，油温五成热时下入泡椒、家常豆瓣酱，炒香出色。

7 加入剁细的泡仔姜、蒜粒和切细的泡青菜并炒香，加清水烧开。

8 鱼下入锅中，加点儿白酒，加盖中小火焖烧。

9 烧几分钟后将鱼翻面。

10 再继续烧几分钟，鱼熟后捞出装盘。

75

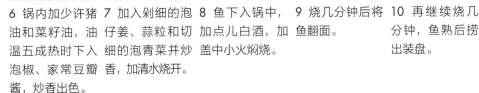

11 锅内剩余的汤汁加入白糖、醋。

12 再加鸡精，水淀粉勾芡。

13 加葱花后快速炒匀。

14 最后将料汁浇在鱼的表面即成。

小秘密

· 野生鲤鱼是制作这道菜的最佳选择，如果没有也可用养殖的，当然还可以用其他鱼代替。

· 俗话说得好："急火豆腐慢火鱼"，烧鱼的火切不可太大，这样烧出来的鱼不入味。

· 出锅前勾芡很重要，缺了这一步，家常豆瓣鱼是不完美的。

家常豆腐

豆腐发明至今已有2100多年的历史。用豆腐制作的各种菜肴深受喜爱。四川有很多有名的豆腐，如广元的剑门豆腐、乐山的西坝豆腐、成都的天回镇豆腐，还有我的老家江油青林口的豆腐。这些地方不但豆腐好，而且用豆腐制作的菜品也是丰富多彩，想吃到全部用豆腐做的豆腐宴那是轻而易举的事。如果大家有机会不妨去这几个地方一试。

○ **主 料**

老豆腐	1块	青蒜	50克
猪肉片	100克	料酒	5克

○ **调 辅 料**　味精　　　　1克

郫县豆瓣酱	15克	菜籽油、清水、	
老姜粒	10克	水淀粉	各适量

○ **做 法**

1 将老豆腐、猪肉片、青蒜一一备齐。

2 豆腐先斜切后再切成三角形片。

3 锅内放适量菜籽油，油温六成热时将切好的豆腐放入锅中慢慢炸。

4 豆腐块炸至金黄色捞出，备用。

5 另起锅，锅内放少许菜籽油，油温六成热时下入肉片，翻炒。

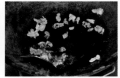

6 肉片加料酒炒香后加入郫县豆瓣酱，继续翻炒。

7 加入老姜粒。

8 继续炒至肉片上色、吐油、出香味。

9 加入清水烧开。

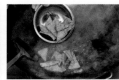

10 加入炸好的豆腐块。

11 中火烧豆腐块入味后加味精和切成段的青蒜，炒匀。

12 水淀粉勾芡调味，装盘。

小秘密

· 做这道菜时，最好选用老豆腐，嫩豆腐不容易成形且含水太多，影响口感。

· 肉片最好选用半肥半瘦的后腿肉，这样口感滋润不会太干。

· 勾芡不可太浓，均匀包裹豆腐和肉片即可。

回 锅 肉

四川人对蒜苗回锅肉的热爱无须多说，这一点从大大小小川菜馆的菜谱就能说明！川菜馆没有回锅肉还叫川菜馆吗？这道菜绝对是四川人的最爱，以前我们把吃回锅肉叫成打牙祭，每当觉得五脏六腑缺少滋润的时候都要炒一份回锅肉来填补一下。很多时候，我们等不及那泛着油光、肥瘦分明的肉片端上桌，就已经在锅中举起了筷子。烫不烫？不烫！香不香？香！好不好吃？好吃得很！

○ **主　料**		花椒粒	少许
带皮猪二刀肉	300克	○ **调 辅 料**	
（后臀肉）		郫县豆瓣酱	15克
青蒜	150克	四川甜面酱	5克
○ **煮 肉 料**		白糖	1克
老黄姜	5克	味精	1克
料酒	10克	菜籽油	适量

○ **做 法**

1 猪二刀肉冷水下锅煮。

2 同时加入老黄姜、花椒粒、料酒。

3 水开以后打去浮沫，再煮15分钟左右，将肉捞出凉凉。这时的猪肉大约有七八成熟。

4 凉凉以后的猪二刀肉切片。

5 青蒜切成马耳朵形。

6 锅内加少许熟菜籽油，油温五成热时下入切好的肉片，炒至肉片出油、出香并卷曲（俗称"灯盏窝"）。

7 下入剁细的郫县豆瓣酱。

8 再加入甜面酱炒匀。

79

9 加入白糖。

10 最后加入切好的青蒜，快速炒至断生，加味精炒匀即可。

小秘密

· 猪臀部的二刀肉和五花肉最大的区别是：二刀肉肥瘦分明，肥肉吃起来脆嫩，瘦肉化渣；五花肉则是整体绵软。

· 煮好的肉最好当时就用，切不可放进冰箱，以免串味儿影响口感。

· 肉片炒制过程中以吐油出香为度，不能太嫩也不能太干。

麻辣味型

　　川菜传统味型麻辣味型，吃的就是花椒的麻和辣椒的辣，因此在制作这类麻辣味菜品时，不管是凉菜还是热菜，都必用到花椒和辣椒。花椒的原产地是我国，老祖宗们做菜使用花椒调味的历史超过2000年，而辣椒是来自美洲的外来调味品，自明朝末年，跟着洋枪、洋炮一路漂洋过海来到我国，后又随着湖广填四川的人流一路辗转被带到了四川生根落户。由于四川人自古就尚滋味、好辛香，所以这一中一洋的辛香之物顺理成章在四川人的撮合下喜结连理，这种结合还真像是一场跨越几个世纪的异国恋情。

/
麻辣火锅底料

/
麻婆豆腐

/
重口味的麻辣脑花

　　麻辣味型是川菜常用味型之一，同时也是流传最广的味型。其广泛应用于冷、热菜式，主要由花椒、辣椒、郫县豆瓣、川盐、味精、酱油调制而成。其花椒和辣椒的运用则因菜品不同而不同，就花椒而言，有的用花椒粒，有的用花椒面，还有的用花椒油；就辣椒而言，有的用干辣椒，有的用鲜辣椒、有的用红油辣椒，还有的用辣椒面。总之因花椒和辣椒品种不同、用法不同、做法不同，麻辣差异很大。在制作不同菜式时，可酌量加郫县豆瓣、白糖或醪糟汁、豆豉、五香粉、香油、姜葱蒜等。调制时均需掌握麻在前、辣在后，麻而不苦、辣而不燥的原则。麻辣味型应用几乎包括所有荤素原材料，如家禽、家畜、水产、内脏、干鲜蔬品、豆类与豆制品，典型常见菜品有四川火锅、水煮肉片、麻婆豆腐、麻辣牛肉丝、麻辣牛舌、麻辣青笋、麻辣拌鸡等。

麻辣味型特点：
麻辣味厚
咸鲜而香
- - - - - - - - - - - - - - - - -

81

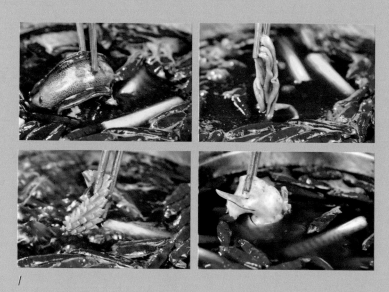

/
四川麻辣火锅，看着已经口水四溢了

辣椒面制作

　　没有好的辣椒面就不能炼出又香又辣又红的辣椒油，所以先来说说四川辣椒油的基础——辣椒面的制作。

　　四川人爱吃辣椒是大家都知道的，但四川的辣和湖南、贵州等同样喜吃辣的地区不同，四川的辣是香辣和麻辣，辣在后，而香和麻在前，如何来体现辣前面的香和麻，才是川菜烹制过程中的关键。四川的辣椒面由于地区不同，用法不同，口味不同，其配方、制作方法也各不同。下面仅以成都平原（川西地区）为例，来说说成都红油辣椒面的制作。

○ **主料**

| 朝天椒 | 500克 |
| 二荆条辣椒 | 500克 |

○ **调辅料**

| 纯菜籽油 | 50克 |

○ **做法**

1 将两种干辣椒剪成段。

2 筛出辣椒子，分开备用。

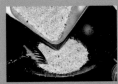

3 炒锅内先下入辣椒子，干炒至出香。

4 再加入25克纯菜籽油，将二荆条辣椒段倒入锅中，用中小火炒至香脆。

5 关火，将辣椒盛出，凉凉备用。用同样的方法炒制朝天椒段。

6 将凉凉的辣椒制成所需要粗细的辣椒面即可。

小秘密

· 成都地区制作的辣椒面一般都不是单独由一种辣椒制成，其中朝天椒是辣味的主要元素，而二荆条辣椒是香味的主要元素。依据个人口味，通过增减两者的比例可以调节辣度和香味。

· 辣椒面的制作过程是痛苦的，因为时常被呛得一把鼻涕一把泪，但是做好了以后，闻着飘过来的一缕缕辣椒的香味，又觉得是值得的，谁叫自己喜欢这口儿啊！建议大家制作过程中全程戴上口罩哦。

· 炒好的辣椒也可以用粉碎机打成粉末，但那样香味会受影响。

水 煮 肉 片

对于水煮肉片这道传统川菜，初看菜名，大多数不了解川菜的朋友肯定会以为是一道很清淡的荤菜，当一盆红彤彤、吱吱作响并散发着麻辣味的菜上桌时，才知道自己大错特错了！水煮肉片不但不清淡，而且还是川菜中数一数二的麻辣荤素搭配的佳品。一筷子肉片、几根青笋尖下肚后，绝对让你酣畅淋漓！

○ 主料

猪里脊肉	200克	酱油	5克	水淀粉	50克
青笋尖		料酒	3克	辣椒面	30克
（带部分叶子）	100克	○ 调辅料		花椒面	少许
芹菜	100克	川盐	3克	菜籽油	适量
蒜苗	100克	郫县豆瓣酱	30克	高汤或清水	适量

○ 猪肉片码味料

		老姜粒	20克
水淀粉	20克	大蒜粒	50克

○ 做法

1 青笋尖、芹菜、青蒜苗切段备用。

2 猪里脊肉切片后加入码味料，拌匀静置几分钟。

3 锅内加少许菜籽油，油温六成热时加入步骤1中的3种素菜，加盐后炒至断生，盛出备用。

4 锅内再次加油，烧到油温六成热时依次加入豆瓣酱、老姜粒和20克大蒜粒炒香。

5 加高汤（做法见第176页）或清水烧至滚开。

6 将码味以后的肉片再次拌匀后逐一放入滚开的红汤中煮至断生。

7 加入水淀粉勾芡。

8 将肉片盛出，放入先前炒好装盘的素菜上面。

9 依次加入花椒面、辣椒面、剩余的大蒜粒。

10 炒锅洗净后，再次下适量菜籽油，烧至油温八成热时缓缓淋在菜品上即可。

> **小秘密**
>
> · 素菜下锅不宜炒太久，以炒至断生为度，这样能保留其独有的清香味和色泽。
> · 肉片下锅后不宜煮太久，因为后一步还要用滚油烫香，肉片变色、断生即可，这样可避免肉片口感太老。
> · 淋滚油前，花椒面要最先加在辣椒面和大蒜下面，这样不会因为高温而失去麻味。

四川麻辣火锅

来过四川的朋友肯定都知道，有一样四川美食是非吃不可的，那就是川味麻辣火锅。有朋自远方来，不亦乐乎！每次有外地的朋友来成都，火哥肯定也要尽地主之谊，请朋友们去吃一顿火锅，那麻辣鲜香确实令大家都过"口"难忘啊！

小秘密

- 在涮火锅时，有些食材不易煮得太久。比如烫鸭肠，用筷子夹着鸭肠在锅中烫8秒就可以了；煮郡花时，直接倒下去煮3分钟即可；切好的鱿鱼花下锅煮两分钟就可食用；烫毛肚时，从用筷子夹着毛肚下锅开始，心中默数10秒就好了！
- 烫火锅时，一般是先煮荤菜再煮素菜，荤菜中的猪脑、牛脊髓或素菜中含淀粉丰富的土豆、藕片、粉条等需要最后下锅，这样可有效避免浑汤或煳锅。

○ **主料**	丁香、砂仁、白蔻、	醪糟	30克	○ **烫火锅碗底小料**
牛油	5000克	桂皮、甘草、灵草、	白酒	30克	蒜泥、芝麻油、
○ **炒火锅料用料**	山柰、香果等可依据	○ **锅底汤用料**	小米辣	各适量
姜	50克	习惯调整比例）	干辣椒	30克	○ **干碟子料**
大葱	100克	郫县豆瓣酱	300克	大葱段	20g	辣椒面、花椒面、
蒜	50克	花椒	80克	高汤	适量	花生碎、黄豆粉各适量
香料碎	100克	干朝天椒	250克
（草果、香叶、八角、	冰糖粉	10克

○ **做 法**

1 朝天椒中间剪断后去子，放入锅中煮开后捞出沥水，舂成糍粑辣椒备用。

2 香料碎用开水浸润备用，不能太湿。

3 葱切大段，姜切块，蒜切片；将牛油烧至七成热时加入切好的姜、葱、蒜，中火炒干变色后捞出，干葱不要，姜块和蒜保留。

4 缓缓加入香料碎炸香。

5 加入郫县豆瓣酱炒至香脆，这个阶段要注意控制火候，千万不要煳锅。

6 加入舂好的糍粑辣椒和花椒。

7 加入冰糖粉。

8 中火慢慢炒制1小时左右，目的是让香料和辣椒香辣味完全融入油中。

9 加入醪糟，继续炒制1小时左右，火锅底料慢慢变色。

10 烹入高度白酒后关火，加盖闷一夜即可。

11 取适量火锅料、少许干辣椒、大葱段装入锅中，加高汤（做法见第176页）熬煮。

12 碗里加入蒜泥、芝麻油、小米辣（盐和味精依据自己喜好添加），把调料备齐。

13 调料和锅底都做好后就可以烫菜了。

14 干碟由辣椒面、花椒面、花生碎、黄豆粉组成，涮好的肉在干碟蘸一下，真叫过瘾！

麻 辣 凉 拌 鸡

　　四川人爱吃鸡，特别是把公鸡煮熟以后做成的麻辣味的凉拌鸡。我这里说的鸡可不是很多大城市超市里卖的那种通体发白的冷冻鸡，而是纯正的家养土鸡。这种鸡白天在田里或山上自由散步，自由觅食，草子是干粮，小虫是零食，泉水是饮料。到了黄昏，它们就结伴回家，归窝的归窝，上树的上树，甚至个别精力特旺盛的还在房前屋后飞来飞去。

○ 主料

公鸡腿	1个（约500克）	酱油	8克

○ 煮鸡料

姜片	10克	盐	3克
大葱	20克	花椒面	2克
料酒	30克	糖	2克
花椒	少许	辣椒油底子	20克
		油酥花生米	20克

○ 调辅料

大葱	20克	红油	60克
		鸡汤	少许

○ 做法

1 冷水中加入所有煮鸡料，鸡腿下锅煮。

2 加盖煮15分钟以后，用筷子插入鸡腿，如没有血水冒出就说明熟了。

3 捞出煮熟的鸡腿，凉凉。

4 除去鸡腿中的大骨。

5 将鸡腿剁成小块，放入碗中备用。

6 大葱切成葱段。

7 鸡块中加入酱油、盐。

8 继续加入糖、鸡汤。

9 再加入花椒面。

10 加入辣椒油底子。

11 放入葱段、油酥花生米。

12 最后淋上红油就好了。

小秘密

· 因为鸡腿大小、粗细有差别，所以具体煮的时间要根据实际情况调整，鸡腿粗则增加煮制时间，反之减少。如果是煮整只土公鸡，建议煮40分钟。

· 如果是用肉鸡的鸡腿制作这道菜，那么煮好以后，可用冰水浸泡以增加其表皮脆度。

· 拌好后先放置1小时再吃会更加入味。

第 二 章

花椒的舞台

川 味 和 花 椒

　　"花椒"这个名字,在《诗经》里就有记载,说明中国人民在2000多年前已经开始使用花椒了。四川是花椒的产地之一,有许多出名的花椒,其中代表有汉源清溪的南椒、茂汶大红袍红椒、凉山州金阳和泸州青椒以及峨眉藤椒。汉源花椒古称"贡椒",自唐代元和年间就被列为贡品。众所周知,川菜以麻辣著称(当然,其实川菜不仅仅是麻辣,这是一种很深的误解),虽然辣椒在川菜中很重要,但其实花椒在川菜当中的地位在某些方面高于辣椒,很多菜品也许没有辣椒,但却不能没有花椒。川人无论做什么菜几乎都会用到花椒:回锅肉要好吃,煮肉是关键,花椒最能去腥;四川人煮的一锅好汤里那更是少不了花椒;凉拌、煎炒、火锅……太多的菜里都能找到花椒那小小的、红红的身影。

/
四川泸州青花椒

/
四川汉源花椒

/
晒好的花椒还需要手工搓揉后去子

/
好的花椒不用尝，闻闻气味就知道好坏，我被新鲜花椒浓郁的香味迷住了

我们在选择花椒时，一般来说有3步：第一，看颜色、看大小，看有无子。只要色泽纯正且油润，颗粒饱满、大小均匀、子少的质量就比较好；第二，用手紧握花椒后再放下，闻闻手上是否有那种独特的麻香；第三，拈一粒尝尝。如果瞬间麻香充斥，嘴唇麻木，并且有种出不来气的麻爽感，说明是好花椒。

/
青花椒在等待它的主人

/
现摘的鲜花椒第一时间被我制成了花椒油

椒盐味型

初识椒盐味，是小时候家里那一盘油酥花生米。家里来客人，但凡有喜欢喝酒的人，我妈都会给他们炸一盘油酥花生。"麻屋子，红帐子，里面住着个白胖子"，把这个裹着红帐的白胖花生米请出来，一般都是我和我姐的事。我俩一边噼里啪啦地剥，一边不停地往嘴里放花生。这时我妈则把炕香了的花椒舂成粉，很快她那边放下就开始催促了："你们两个搞快点儿嘛，我这边等着花生米下锅。"又过了一会儿，锅里就传来花生米清脆的爆裂声，母亲熟练地用漏勺在油锅里颠了一下，油亮亮的油炸花生米就出锅了。当现炒现舂的花椒面和盐洒在噼里啪啦作响的花生米上以后，我的手就飞快地直接伸过去了。

/
下酒好菜——椒盐花生米

/
椒盐酥肉

/
椒盐芸豆

椒盐味型是川菜常用味型之一，以川盐、花椒面调制而成，多用于热菜。调制时，细盐需要在锅里干炒去除水分；花椒需要在锅里炝香，冷却后研磨成细末。花椒末与盐需按比例配制，盐要多于花椒末，调好的椒盐现用现做最佳，不宜久放。此味型多用于鸡、猪、鱼等肉类为原料的菜肴和部分干果类菜肴，如椒盐酥肉、椒盐小河鱼、椒盐乳鸽、椒盐鱼皮、椒盐花生米等。

91

/
椒盐胡豆

/
四川椒盐油酥肉锅盔

/
夸张的花椒广告

花椒面制作

很多人觉得，花椒变成花椒面是很简单的事，直接磨出来就行。其实，四川人的花椒面制作也并不是那么简单。我们一般选用新鲜的汉源干花椒来制作花椒面。在天气晴朗时，把鲜花椒晒至没有水分，然后在烧热的锅中下入花椒，不停翻炒至花椒变色、变酥时起锅，凉凉后用磨粉机磨碎，也可以用研磨器或电动粉碎机打粉。做好的花椒面要密封保存并尽快使用。特别讲究的餐厅或家庭使用花椒面都是现磨现用，做好的花椒面使用周期不宜超过一星期。

○ **主料**

汉源干花椒	100克

○ **做法**

1 花椒晒干，去除花椒子。

2 将去子的花椒下入烧热的锅中。

3 小火慢炒，至花椒发汗出香后关火。自然冷却。

4 可以通过传统手动磨粉将花椒研磨成粉末。

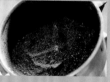

5 也可用电动打粉机将花椒打成粉，更快捷。

小秘密

- 不同品种的花椒磨粉后颜色、麻度、香度都有区别，所以要根据自己的喜好和实际用途来选择。
- 炒制花椒切忌用大火猛炒，花椒一旦炒煳就不好吃了。
- 每一次要根据用量制作花椒面，花椒面现磨现用效果最好。

椒盐串串鱼

四川人习惯把河里或水塘里的小杂鱼统称为"串串鱼"，钓鱼的人对这种鱼是深恶痛绝，每次鱼钩上的诱饵放到水里，还没等大鱼上钩，鱼饵就被这种小鱼东一口西一口地吃光了。虽然它们身体小、刺多，不被钓鱼的人待见，但喜欢吃零食的人们还是挺喜欢它们的，因为这种串串鱼用油炸过以后，那种酥脆化渣的口感让人欲罢不能，特别是加入椒盐后，那就更香了。

○ 主料

串串鱼	200克

○ 调辅料

料酒	5克
大葱	5克
老姜	5克
花椒面	1克
盐	2克
花椒粒	少许
菜籽油	适量

○ 做法

1 将串串鱼逐一去鳞，去除肚腹。

2 将收拾好的串串鱼洗净，放入碗中备用。

3 大葱切段，老姜切片后，加入放鱼的碗中，再加入料酒、花椒粒、1克盐码味。

4 锅内放入适量菜籽油，至油温六成热时下入码好味的串串鱼，炸至酥脆。

5 将炸好的鱼沥油后捞出，放入盘中。

6 在鱼上撒上花椒面、剩余的盐即成。

小秘密

· 选择串串鱼时一定要新鲜。因为这类鱼通常出水就死，所以市场上没有活的串串鱼卖。一般鱼眼明亮、鱼鳃鲜红、鱼身有光泽和弹性的比较新鲜。

· 用于油炸的串串鱼最好选择大小一致的，这样油炸时才容易同时酥脆。

· 炸好的鱼最好趁热吃，不但腥味少而且酥脆。

椒盐乳鸽

出壳25天以内，还不能独立生活，完全依靠老鸽子呕哺以满足营养需要的鸽子称乳鸽。这个阶段的鸽子因为活动范围小、进食量大，所以特别肥。

很多人第一次吃乳鸽一般是在粤菜餐厅，通常是卤水乳鸽或油淋乳鸽。其实，我们川菜也有很多种乳鸽的做法，比如这道椒盐乳鸽。乳鸽先通过腌料腌制后再油炸，由于其本身脂肪含量丰富，所以特别香。但也正因为如此，很多人吃几块就会觉得油腻。我们把油炸过的乳鸽剁成小块，再加椒盐炒，就可以巧妙地解决这个问题了，因为花椒天生就是化解各种油腻的神器。

○ **主料**

乳鸽	1只	青辣椒	10克
○ **调辅料**		红辣椒	10克
大葱	10克	盐	2克
老姜	5克	花椒面、花椒粒	少许
料酒	5克	菜籽油	适量

○ **做 法**

1 将食材准备好，大葱剥好，青红辣椒洗净备用。

2 将乳鸽冲洗干净。

3 在乳鸽内外均匀地抹上1克盐。

4 将大葱切成马耳朵状，老姜切片后，连同花椒粒塞入鸽子肚内，用料酒将乳鸽内外抹匀后腌制3小时。

5 青红辣椒分别切成粒，放入碗中备用。

6 锅内放入适量菜籽油，油温四成热时下入腌制好的乳鸽，中火浸炸。

7 不停翻转乳鸽，使之炸透。

8 炸至金黄的乳鸽捞出凉凉，切分。

9 将乳鸽剁成块备用。

10 另起锅，加入少许菜籽油，油温六成热时下入青红辣椒粒炒香。

11 下入剁好的乳鸽，加盐、花椒面炒匀即可出锅。

小秘密

· 乳鸽最好是买大一点儿、肥一点儿的，这样做出来才香。

· 如果用老鸽子来制作这道菜，需要事先将老鸽子蒸至熟软，否则可能咬不动。

· 可以将乳鸽换成仔鸡。

椒盐馒头

馒头是中餐的绝对主食之一，很多人都会自己做馒头。因其便于保存，往往会一次做上许多，然后各种吃法轮流上：白馒头、馒头蘸酱、馒头夹菜、煎馒头片、金银馒头及炸馒头片等。这道椒盐馒头因为刷上了鸡蛋，其表面更酥软，而且盐已放在蛋液里，所以单吃馒头片也非常香酥有滋味。不过，在这里，我还是配上了花椒粉这种重口味调料。

○ **主料**

馒头	2个
鸡蛋	1个

○ **调辅料**

盐	1克
花椒面	1克
菜籽油	适量

○ **做法**

1 馒头蒸好后放凉，最好隔夜。

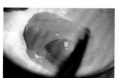

2 鸡蛋打入碗中，加少许盐，打散备用。

3 将馒头切成厚1厘米左右的片。

4 用刷子蘸上蛋液，均匀地将蛋液刷到馒头片上。

5 馒头两面都要刷满蛋液。

6 锅中放入菜籽油，油温六成热时下入馒头片，开始炸制。

7 炸至金黄时捞出，沥油装盘。

8 将花椒面撒在馒头片上即可享用。

小秘密

· 制作这道菜时，为保证装盘效果，馒头切片要均匀。
· 可以多刷几次让馒头浸满蛋液。
· 油炸时切记不要用太高的油温，以免将馒头片炸煳。

椒麻味型

小时候，我特别爱吃一个蹬着三轮车、戴白色厨师帽的老师傅卖的粉蒸肉。那时候，好多人都觉得这些走街串户的买卖人不可信，但老师傅硬是用干净的外表、严谨的态度、地道的川味在几年间征服了我们周边几条街的人。长大后，我才知道老师傅做的这种粉蒸肉叫"椒麻粉蒸肉"，而这种加了椒麻蒸的粉蒸肉才是地道老川菜粉蒸肉的做法。制作时，先要用新鲜的葱叶加上等花椒剁出椒麻，再拌上五香粉、剁细的郫县豆瓣、醪糟汁一起炒香，然后再混合磨碎的米粉及其他调辅料，与肉或排骨一同上笼，大火蒸一个小时左右即可。

/
剁椒麻

/
大葱或小葱是制作椒麻味必不可少的原料

/
椒麻蘑菇

/
椒麻鸭舌

那时候，每天到了中午11点左右，卖粉蒸肉的老师傅都会一路叫卖，每当路过我家门口，那竹蒸笼中飘出的香味由街的远处飘然而至时，我那不争气的唾液就一直不停地分泌。后来，随着城市人口慢慢增多，熟悉的城市不断改造，老街陆续拆迁，卖粉蒸肉的三轮车以及老师傅就这样永远停在了记忆中。

/
加了椒麻的传统粉蒸肉异香扑鼻　花椒鸡

98

椒麻味型是川菜独创的常用经典味型之一，多用于冷菜和部分蒸菜。做冷菜时，主要以川盐、花椒、小葱叶、酱油、冷鸡汤、味精、香油调制而成；做蒸菜时，主要是让菜品口感更加醇厚。椒麻味调制时需选用四川优质花椒，如汉源清溪椒、茂县大红袍、金阳青花椒等，方能体现其独特风味。花椒颗粒用温水浸泡后，加盐，与葱叶一起用刀慢慢剁细，直至蓉状，这样可使椒麻的辛香与菜品的咸鲜完全融合。椒麻味型主要用在以猪肉、鸡肉、兔肉、猪舌、猪肚为原料的菜肴，也可用于部分素菜。典型菜品有椒麻鸡丝、椒麻鸡杂、椒麻肚片、椒麻兔花、椒麻粉蒸肉、粉蒸肥肠、椒麻青笋丝、椒麻蘑菇等。

椒麻鸡杂

　　鸡杂就是鸡的内脏，包括鸡心、鸡胗、鸡肝、鸡肠等，鸡杂腥味比较重，在全国各大菜系中，能把鸡杂做出好味道，玩出极致的当数川菜。椒麻味型是川菜的特有味型之一，以麻、香、咸、鲜、风味醇厚、回味悠长为特点，用这种擅长去腥、除异味的味型来搭配重口味食材鸡杂是再适合不过了。在制作这道菜时还特意加了辣椒油，有如此多美味的调料助阵，这道椒麻鸡杂的味道就更上一层楼了。

○ 主 料

熟鸡杂	300克	花椒	2克	酱油	8克
香芹	100克	香葱	15克	醋	15克

○ 调 辅 料

辣椒油	50克	盐	1克	糖	2克
		芝麻油	10克	熟芝麻	适量

○ 做 法

1 花椒用温水泡10分钟。

2 泡好的花椒沥水后和香葱一起剁细，制作椒麻。

3 在盛放椒麻的碗中加入芝麻油。

4 再依次加入酱油、醋、糖、盐。

5 将所有调料搅拌均匀。

6 香芹切段放入盘中打底。

7 熟鸡杂切片（鸡胗、鸡肝等）、切段（鸡肠）。

8 切好的鸡杂放在香芹上。

9 将调好的椒麻汁淋在鸡杂上。

10 最后撒上熟芝麻，淋上辣椒油即成。

99

小秘密

- 可根据自己的喜好随意选择和添加鸡杂种类。
- 鸡杂腥味较重，前期处理时一定要用清水反复搓洗，再加姜、葱、花椒、料酒等煮熟。
- 鸡心、鸡肝、鸡胗等煮的时间应相对长一些，鸡肠不宜久煮，下锅烫熟即可。

椒麻肥肠

肥肠这个让人又爱又恨的食材，于我而言，经常是爱多了些，时不时就会想起它，一想起它，那就必须吃这道椒香四溢的椒麻肥肠。在这道典型的川菜里，花椒是主角，即便看不见辣椒，却也让双唇失去了知觉，那味道只有尝过才知道！吃不了麻的人，也可以将花椒换成干辣椒，想怎么变都可以。

○ **主料**		蒜粒	10克
肥肠	300克	蚝油	20克
金针菇	200克	盐	1克
○ **调辅料**		葱花	10克
青花椒	30克	菜籽油	100克
姜粒	10克	高汤	适量

○ **做 法**

1 肥肠洗净、煮熟后切块备用。

2 金针菇清理干净后切去根部，撕开备用。

3 锅里放菜籽油，油温六成热时下入姜、蒜粒爆香。

4 下入青花椒炒香。

5 加入高汤（做法见第176页）。

6 加入蚝油后搅拌均匀。

7 大火烧开后下入肥肠。

8 下入金针菇，搅拌均匀。

9 加盐，煮几分钟即可出锅。

10 另起锅，放入适量菜籽油，油温六成热时关火，下入青花椒翻炒。

11 将花椒和油一起淋在肥肠上。

12 最后撒上葱花，椒香四溢的椒麻肥肠即可上桌。

101

小秘密

· 最好买新鲜的肥肠回家自己清洗，因为市场上卖的熟肥肠有可能清洗不干净或不新鲜。

· 新鲜肥肠去除大部分肥油后，加白醋和盐反复搓洗，再用清水洗净即可。

· 吃完了肥肠后剩下的汤汁，还可以煮些素菜，如莲藕、土豆、青笋、粉丝等，味道也不错。

椒麻粉蒸肉

粉蒸肉是川菜田席九大碗的代表菜之一，如今，虽然超市里有了各种快捷版本的方便粉蒸肉调料，但这种带有工业气息的味道，在我看来只能算是应付。要想做出自己和家人都喜欢的美食，那就需要多花点心思。

○ 主料

带皮猪五花肉	500克
鲜豌豆	100克

○ 调辅料

家常红油豆腐乳	15克
醪糟	20克
高度白酒	5克
郫县油制豆瓣酱	20克
香葱	24克
花椒	1克
老姜粒	5克
辣椒面	10克
糖色	10克
五香蒸肉粗米粉	150克
盐	2克
辣椒油	50克
高汤	少许
葱花	适量

○ 做法

1 带皮猪五花肉切成大片，放盘中备用。

2 将香葱和花椒混合，剁细，做成椒麻。

3 在五花肉中加入姜粒、辣椒面、椒麻和郫县油制豆瓣酱。

4 加入醪糟、高度白酒和家常红油豆腐乳。

5 加入糖色（做法见第120页）和五香蒸肉粗米粉。

6 加入豌豆、盐、高汤、辣椒油。

7 将所有调料和肉片拌匀。

8 将拌好的肉片依次码放在碗中，放入水烧开的锅中开始蒸。

9 蒸一个小时后取出，倒扣装盘，撒上葱花即可。

小秘密

· 做粉蒸肉最好是选用浅一点的蒸碗，这样便于蒸熟。

· 不建议用全瘦肉制作粉蒸肉，这样蒸出的肉缺乏油脂，太干不好吃。

· 豌豆可以换成红薯、土豆、芋头等富含淀粉的食材。

第 三 章

甜
蜜
的
乐
园

川 味 和 糖

柴米油盐酱醋茶，是我们常说的开门七件事，这七件事围绕着一个字，那就是吃！单就吃而言，我觉得应该改成开门八件事，这第八件就是能带给我们舌尖甜味的调味品——糖。

中国的南北都产糖，北方地区常见的糖所用原料是甜菜，所以叫甜菜糖，而南方的糖主要出自于甘蔗，所以叫蔗糖。四川地处中国的西南部，自然属于南方地区，所以川菜常用的是蔗糖。蔗糖按其加工程度又分为红糖（也叫黑糖）、白糖和冰糖。四川名小吃中的三大炮、冰粉、红糖或混糖锅盔用的是红糖，川菜菜品调味时大多会用到白糖，而卤菜或烧菜上色会用到冰糖炒制的糖色。

/
甘蔗是重要的甜味剂来源

/
白砂糖

/
香甜软糯的桃片，
是很多人记忆中的味道

/
老家香甜脆的桃子

　　吃甜食能给人带来幸福感，人天生就对各种糖有好感，现实中很少有人不喜欢吃甜味的。但现在因为食糖过量引发的健康问题却越来越多，如龋齿、肥胖等，吃糖的限量问题开始得到关注。但限制并不意味着杜绝，要不缺少了甜味的生活是多么的无趣！至于如何掌握这个度，还得根据自己的自身情况来决定。

/
四川传统名小吃——糖油果子

/
四川名小吃空心麻糖

/
不久以后它是变成糖炒板栗，
还是板栗烧鸡？

甜香味型

　　川菜众多味型中能唱独角戏、一味成型的味型只有两个：咸鲜味型和甜香味型。咸鲜味型的主角是盐，而甜香味型的主角就是糖。甜香味型是这一味型的统称，如果从制作工艺和技法方面，又分为蜜汁、拔丝、糖水、糖粘、撒糖、混炒、混糖。如果专业术语听着太空洞，那我就举几个大家耳熟能详的菜来分别说说。

　　水晶八宝饭和蜜汁糯米酿藕，其制作方法就是蜜汁；拔丝香蕉和转糖饼（四川糖画）用的是拔丝；银耳羹和红糖糍粑为糖水；冰糖桃仁和花生粘的技法是糖粘；白糖油渣和甜烧白为撒糖；八宝锅蒸和三合泥用的是混炒；混糖锅盔和汤圆心子的制作工艺是混糖。据说吃糖能让人产生满足感，就连歌曲里也这样唱："甜蜜蜜，你笑得甜蜜蜜，好像花儿开在春风里……"

/
橘饼

/
油煎糯米粑

/
香甜的黄粑

/
芝麻糕

/
记忆中的棉花糖

甜香味型是川菜常用味型之一，广泛用于冷菜、热菜和小吃。其常以白糖、冰糖、红糖、蜂蜜等富含甜味的调味品来调味，因不同菜肴的风味需要，还可以添加蜜玫瑰、蜜樱桃等蜜饯，水果及果汁，桃仁、芝麻、核桃等干果仁等。调制方法主要分为糖水、蜜汁、糖粘、撒糖、混炒、混糖等。无论使用哪种方法，均需掌握用糖的量，以甜而不腻为度。甜香味型主要应用于以干鲜果品、银耳、鱼脆、桃仁、糯米、面粉、红苕、猪肉等为原料的菜肴，典型菜品有糖粘桃仁、冰糖银耳、红糖糍粑、三大炮、甜烧白、汤圆、八宝锅蒸、糖粘羊尾等。

甜香味型特点：
纯甜而香
被誉为"最幸福的味道"

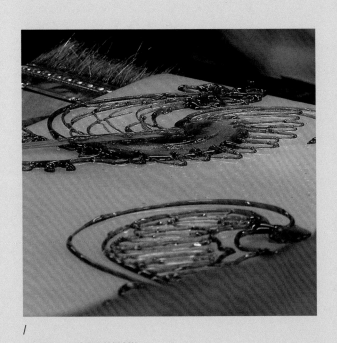
/
四川糖画，我们叫转糖饼

糖粘桃仁

核桃仁因为和人脑长得太像，所以民间有以形补形、核桃补脑的说法。我小时候吃核桃绝对是技术活，那时候的核桃壳特硬，锤子、菜刀就派上大用场了。现在的技术将"铁核桃"通通改良，如纸皮一般好剥，硕大的核桃仁个个完美，但我始终觉得"铁核桃"更香，或许和吃时付出的艰辛有关吧！

○ **主料**

核桃仁　　　　　　　　　　200克

○ **调辅料**

冰糖　　　　　　　　　　　100克
清水　　　　　　　　　　　适量

○ **做法**

1 将核桃仁和冰糖放入碗中备用。

2 锅烧热后下入核桃仁。

3 用锅铲反复搅拌，至核桃仁香脆后盛出备用。

4 另起锅，将冰糖下入。

5 往锅中加适量清水。

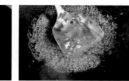

6 小火将冰糖炒至液体状，但注意不能变色。

7 下入炒好的核桃仁并快速翻炒，让冰糖再次凝结，粘在核桃仁上即成。

小秘密

· 挑选核桃时，一定要选新鲜的，不新鲜的核桃不仅不好吃，还对身体有害。
· 炒核桃时不能用大火，否则核桃表面煳了，但内部却不酥脆。
· 冰糖下锅后要用小火慢慢化开，如果冰糖变色，就说明火大了。

八宝锅蒸

八宝锅蒸是一道四川传统宴席名菜，因其配料较多，对原料品质要求较高，制作时对火候和用料要求精准，所以现在已经很难在餐厅吃到正宗的、入口香酥脆甜的八宝锅蒸了。这道八宝锅蒸，我在传统的基础上进行了改进：炒制时没加糖，而是把白糖和熟黑芝麻在研磨器中磨后，再撒在成品表面。这样做的好处是甜度可以自己调节，不会因加糖过多而显得甜腻。

○ 主料

中筋面粉	200克	脆松子	适量
猪油	150克	脆瓜子	适量
开水	200克	大枣	适量
		枸杞	适量
		葡萄干	适量

○ 调辅料

脆花生	适量	黑芝麻	适量
脆核桃	适量	白糖	适量

110

○ 做法

1 黑芝麻炒熟后凉凉，与白糖混合磨成芝麻糖粉，备用。

2 将面粉过筛，备用。

3 将脆花生、脆核桃、脆松子、脆瓜子放入盘中打底。

4 锅中下入猪油。

5 油温五成热时加入面粉。

6 中火炒至面粉微微泛黄后加入开水，继续快速翻炒。

7 加入大枣、枸杞、葡萄干翻炒均匀，即可出锅。

8 将炒好的锅蒸装碗后，扣入盘中。

9 依据口味撒上芝麻糖粉即可。

小秘密

· 没有猪油时，也可用其他植物油代替，但植物油不具备猪油特殊的香味。

· 面粉下入油锅后需要不停翻炒，这样不会煳锅，还可以保证面粉成熟度一致。

· 加入开水后会有大量水蒸气产生，要适当回避以免烫伤。

蛋 烘 糕

蛋烘糕是成都传统小吃之一，能"变"出蛋烘糕的三轮车常常出没于学校附近。卖蛋烘糕的老大爷从不吆喝，就凭小车上"蛋烘糕"3个鲜明的大字，就能招来生意。白糖黑芝麻、大头菜（四川的一种腌菜）片片、芽菜、香辣酱……被夹在冒着热气的蛋烘糕中，孩子们一口接一口地吃着，心满意足地离去。

○ 主料
低筋面粉　　100克

○ 调辅料
鸡蛋　　　　2个
泡打粉　　　2克
酵母粉　　　1克
白糖　　　　20克
红糖糖浆　　10克
色拉油　　　10克
清水　　　　适量

○ 馅料
熟黑芝麻　　30克
熟花生　　　20克
熟黄豆　　　10克
白糖　　　　30克
水调芝麻酱　30克

○ 做法

1 在碗中打入鸡蛋，筛入低筋面粉。

2 加入红糖糖浆。

3 加入白糖和适量清水。

4 酵母粉用温水化开，加入泡打粉，搅匀后倒入面粉中搅匀。

5 搅拌的过程中加入色拉油。

6 加盖发酵至出气泡（根据气温决定发酵时间）。

7 将熟黑芝麻、熟花生、熟黄豆一起捣碎，加入白糖混合成香甜馅料，备用。

8 锅预热，抹上色拉油，加入面粉浆，并转动小锅使面粉浆均匀地铺满锅底，加盖烘烤。

小秘密

· 加入酵母前一定要确定其活性，如果长时间没有气泡产生，说明发酵不成功。
· 锅必须预热到一定温度才能下入发酵的面粉浆，这是蛋烘糕松软的关键。
· 面粉浆下锅均匀摊开后要迅速加盖并保持微火烘烤，火太大会出现底部煳锅而中心还没熟的情况。

9 一两分钟后抹上水调芝麻酱，撒上香甜馅料。

10 继续加盖小火烘烤几十秒，即可出锅。

111

糖醋味型

20世纪90年代，我住在成都小关庙附近的石马巷，附近的方正街有一家卖糖醋排骨的小吃店，每到下午5点左右，就排起长长的队。他家的糖醋排骨属于最传统的做法：将最好的精排剁成小块后，冲去血水，下油锅炸至皮酥肉嫩，再用冰糖炒糖色，加姜、葱、高汤收汁，最后加醋而成。做好的糖醋排骨由琥珀色的糖醋汁包裹着，那真叫香！当时，我每周都会买来吃。后来搬家后，路过那儿时还是会时不时买上一些，但渐渐我发觉，这家卖的糖醋排骨出问题了：第一是排骨和龙骨的比例变了；第二是糖醋汁变得越来越多了；第三是居然每次都在涨价。最近，我再从那儿经过时，发现已经没有人排队了，甚至可以用门可罗雀来形容。那天又路过时，发现已经彻底关门了。

112

/
糯米是酿醋的重要原料之一

/
用于酿醋的小麦

/
松鼠鳜鱼

/
糖醋瓜条

糖醋味型是川菜常用经典味型之一，广泛用于冷菜、热菜、小吃。其主要以白糖、冰糖、红糖与不同的醋来调味，佐以川盐、酱油、姜、葱、蒜调制，从而产生浓淡适口的甜酸味。调制时需添加适量的咸味作为基础味，再加入大量的糖、醋，这样才能突出甜酸味。糖醋味型荤素原材料皆适用，如糖醋里脊、糖醋排骨、糖醋脆皮鱼、糖醋蒜薹、糖醋三丝、糖醋豌豆等。

糖醋味型特点：
甜酸味浓
回味咸鲜

113

/
糖醋藠头

/
糖醋藠头
吃起来酸甜美味

糖醋蒜薹

蒜薹是大蒜的花茎，在四川地区，每年春节前后上市，可以说是最早的春菜。新鲜上市的蒜薹价格很贵，往往比猪肉还贵一倍，但四川人有春节吃新鲜蒜薹的习惯，所以蒜薹再贵都能接受。

○ 主料

蒜薹	500克

○ 调辅料

盐	10克
白糖	80克
醋	150克

○ 做法

1 蒜薹洗净后，掐去老的头和花苞以下的部分（能轻轻掰断，没有筋丝的蒜薹比较嫩）。

2 将蒜薹切成寸段，放入可以密封的玻璃罐中，备用。

3 向罐中加入盐，摇匀后腌制半小时。

4 再加入醋和糖，摇匀后密封腌制10天左右即可食用，其间可以翻动一两次，以便均匀入味。

5 腌好的蒜薹可直接食用，吃了蒜薹后剩余的糖醋蒜汁还可以拌面、蘸饺子吃。

小秘密

· 不定期地摇动罐子可以保证罐中的蒜薹均匀接触糖醋汁。

· 糖醋蒜薹吃了以后口气比较重，参加社交活动前不建议食用。

糖醋里脊

糖醋里脊这道菜是用味型定义的一道荤菜，这类用味型定义的菜还有鱼香肉丝、麻辣鸡块、红油耳片、五香牛肉等。糖醋味型是中餐传统味型之一，有上千年的历史。很多人喜欢这种味型，但调制时常常不知道糖和醋应该用什么比例。其实，对于这个问题，很难有一个准确的答案，因为糖有白糖、冰糖、红糖、饴糖等，醋有老陈醋、香醋、麸醋、果醋等，每种糖有不同的甜度，每种醋又有不同的酸度。制作糖醋类菜品时，最简单的办法就是先按照糖醋1：1的比例来调和，然后再根据自己的喜好来增减糖醋的用量。

○ 主料

猪里脊肉	500克

○ 码味料

大葱节	5克
姜片	2克
盐	1克
料酒	5克
胡椒面	少许

○ 调辅料

菜籽油	1000克
（实际耗油约50克）	
鸡蛋	1个
姜粒	5克
蒜粒	3克
白糖	30克
醋	30克
盐	1克
胡椒面、葱花	各少许
水淀粉、清水	各适量

○ 做法

1 将食材——备齐。

2 猪里脊肉去除筋膜。

3 将猪里脊肉片成1厘米左右的厚片。

4 肉片正反面均斜切成花刀。

5 下刀深度在肉片的1/3处，不可将里脊肉切断。

6 将切花刀后的里脊肉片再切成条。

7 切好的肉条放入大葱节、姜片、盐、胡椒面、料酒码味。

8 将水淀粉加入鸡蛋中调匀。

9 将里脊中码味的姜葱去除，倒入调好的淀粉鸡蛋糊，拌匀。

10 将水淀粉、清水、白糖、胡椒面、醋、盐混合，制成糖醋汁。

11 锅内放入菜籽油，油温五成热时下入里脊条，炸至定形后捞出。

12 油温烧至七成热时，再次下入肉条炸至金黄捞出。

13 另起油锅，加少许菜籽油，油温五成热时下入姜、蒜粒炒香，加入调制好的糖醋汁，收成浓稠芡汁。

14 将浓稠芡汁淋在炸好的里脊上，撒上葱花即成。

小秘密

· 里脊肉两面切花刀，可以让成菜包裹更多的糖醋汁，从而利于入味和口感。

· 勾芡一定要浓淡合适，芡汁太清则裹不上去，太浓则入口无法包裹且影响口感和外观。

· 菜做好后，为保证里脊表皮酥脆的口感需趁热食用。

咸甜味型

以前，成都商场后面有几家烧菜馆子，因货真价实、美味可口、上菜快捷，各家生意都不错。这几家馆子中，我最爱去的一家叫"三道拐烧菜"，因为他家有一道最出名的菜——樱桃肉，恰恰也是我相当钟爱的一道菜，而樱桃肉就是典型的咸甜味型菜品。咸甜味型菜品调味的主体是盐和糖，盐带来咸味，而糖带来甜味，咸甜这两种单一口味就像一对欢喜冤家，甜味中适当加盐，可以让甜味更加突出和纯正；而咸味中适当加糖，又可以让咸味更加厚重而突出鲜味。只要在实际操作中掌握好度，做到适度不过度，那么，咸甜味就是让人相当容易上瘾的一种味道。

/
冰糖

/
甘蔗

/
四川特产宜宾芽菜
就是咸甜口味

咸甜味型是川菜常用经典味型之一，多用于热菜，主要用川盐、甜味调料、胡椒粉、料酒等调制而成。因不同菜肴的风味需要，可使用不同的甜味调料，如白糖、冰糖、饴糖、红糖、蜂蜜等。调制咸甜味型菜品时，咸甜二味可根据需要有所侧重，或咸略重于甜，或甜略重于咸。咸甜味型应用范围大多以动物原料为主，如猪肉、鸡肉、鱼等，典型菜品有冰糖肘子、樱桃肉、板栗烧鸡、芝麻拐肉等。

咸甜味型特点：

咸甜并重

鲜香兼备

/
樱桃肉

/
甜香罐罐肉

119

糖 色 制 作

糖色是川菜常用的一种着色剂，例如川菜里的东坡肘子、樱桃肉、卤菜等都要用到它。糖色一般分为两种，一种是水糖色，另一种是油糖色。油糖色制作比较快，但在炒制过程中有一定的危险，所以今天教大家的是水糖色。炒糖色的原料可以用红糖、白糖、冰糖，我建议大家最好使用冰糖来制作，因为这样炒出来的糖色颜色特别漂亮。炒糖色的火候相当关键，好的糖色应当不甜、不苦、颜色红润。

○ **主 料**

冰糖　　　　　　　　　500克

○ **调 辅 料**

清水　　　　　　　　　600克

○ **做 法**

1 将冰糖称好备用。

2 热锅下入冰糖。

3 加入少许清水后，用小火熬制。

4 熬制的过程比较慢，注意不能把糖熬煳。

5 这时的糖色还太嫩，口味偏甜而且做菜不易上色。

6 继续炒至深朱红色时关火。

7 关火后立即加入剩余的清水（加水过程要慢），重新开火，烧至锅里和铲子上的糖完全化开即可。

8 将制好的糖色装入干净的可密封容器中。

小秘密

· 化开冰糖时一定要用中小火，这样可以保证冰糖完全化开且色泽一致。

· 白糖、红糖、饴糖、甜菜糖都可以炒糖色，但冰糖炒制出来的糖色色泽更佳。

· 加水的那一步会有大量的水蒸气产生，要避免烫伤。

樱桃肉

樱桃肉是川味咸甜味型中比较有代表性的一道菜，因成菜形似一颗颗红彤彤的樱桃而得名。樱桃肉要想做得好看好吃、肥而不腻，归纳起来主要有3个要点：第一，一定要用猪的三线五花肉，煮熟以后切块来烧制，这样才能保证樱桃肉的形。第二，烧制时提色只能用冰糖炒制的嫩糖色，切记不能加酱油，这样烧出来的樱桃肉才会红得发亮，美艳诱人。第三，烧制的火候很重要。关于烧菜的火候，苏东坡在几百年前就有了完美的总结："慢着火，少着水，火候足时它自美"，认真领悟这个烧菜古训，你家的樱桃肉烧出来才不会油腻。

○ **主 料**

猪五花肉	500克	老姜	5克
甘蔗	200克	料酒	10克
		糖色	50克
○ **调辅料**		盐	2克
		冰糖	20克
八角	1个	菜籽油	适量
桂皮	5克	清水	适量

○ **做 法**

1 将猪五花肉称好，甘蔗削皮后切长条备用。

2 五花肉冷水下锅煮透。

3 五花肉捞出凉凉后，切成1厘米见方的块。

4 锅内放入菜籽油，油温五成热时下入八角、桂皮、老姜炒香。

5 下入五花肉块，加盐继续煸炒。

    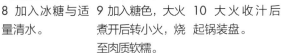

6 加入料酒。

7 加入甘蔗。

8 加入冰糖与适量清水。

9 加入糖色，大火煮开后转小火，烧至肉质软糯。

10 大火收汁后起锅装盘。

小秘密

· 烧肉要想好吃，都需要长时间小火慢烧，急火烧出来的肉口感和色泽都会差很多。

· 烧肉时用的香料切不可太多，以免压住猪肉正常的香味而味同吃药。

· 最后一步大火收汁时不可太干，保留少许汤汁口味更佳。

冰花贵妃鸡翅

冰花贵妃鸡翅这道四川传统名菜，成菜色泽金红、口感软滑爽嫩、滋味醇厚，令人回味悠长，贴上"贵妃"的名号也许是杜撰，但这道菜的做法考究却是事实。经典的传统名菜需要一代又一代人的用心、尽力与传承，方才能保留传统的味道。

○ 主料

鸡翅中　　　500克

○ 调辅料

老姜	5克
大葱	10克
银耳	30克
大枣	30克
冰糖	20克
盐	2克
料酒	30克
水淀粉	10克
花椒	少许
醪糟汁	适量
菜籽油	适量
清水	适量

○ 做法

1 新鲜的鸡翅中洗净，大葱切段，备用。

2 冷水下入花椒、老姜、大葱段、1克盐、20克料酒、鸡翅中，大火烧开。

3 水开后再煮5分钟后捞出鸡翅。

4 趁热在鸡翅中上刷上醪糟汁，凉凉备用。

5 锅内放入菜籽油，油温六成热时下入鸡翅中，上色即可捞出，不能炸太久。

6 银耳用开水泡发，大枣去核备用。

7 将炸好的鸡翅中整齐地码放在碗中，放入大枣、银耳以及冰糖。

8 加入剩余的料酒。

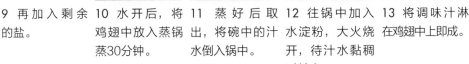

9 再加入剩余的盐。

10 水开后，将鸡翅中放入蒸锅蒸30分钟。

11 蒸好后取出，将碗中的汁水倒入锅中。

12 往锅中加入水淀粉，大火烧开，待汁水黏稠时关火。

13 将调味汁淋在鸡翅中上即成。

124

小秘密

· 鸡翅下锅焯水不可太久，熟透即可。

· 没有醪糟汁也可以用饴糖水或糖色代替。

· 汁水勾芡不可太浓，薄芡勾汁成品色泽更佳。

第 四 章

七
绝
的
江
湖

川味的七绝

麻酱味、芥末味、姜汁味、糟香味、酱香味、五香味、烟香味，我称它们为"川菜味型的七绝"。当初在设置它们的归属时的确是煞费苦心，因为这7种味道和其他那些味道都有关系，但又自成一派，独具特点。突然有一天，我在开车时听广播中传来了《射雕英雄传》的主题曲，郭靖的师父——江南七怪的形象，在我的脑海中浮现了出来，这7种独具个性的味道不就像是川菜众多味型里面的7位侠客吗？真是踏破铁鞋无觅处，得来全不费工夫，于是我就把这7种味道独立出来，归纳到了一起。

/
酱香油油饭

/
麻酱山药

/
香糟粉子蛋

/ 姜汁豇豆

　　麻酱味型的麻酱凤尾，那是独领芝麻酱浓香；芥末味型的芥末春卷，让你能深切地感受到什么是"凌霄一冲泪湿巾"；姜汁味型的姜汁豇豆，让你酸爽到解尽天下腻；糟香味型的醪糟蛋，给你一颗醇厚甘甜的心；酱香味型的油油饭，让你荡气回肠、五脏安宁；五香味型的五香猪肝，绵软浓厚，让人好不安逸；烟香味的樟茶鸭，让你回味悠长、唇齿留香，三日忆不停。

/ 芥末鸭掌

/ 烟熏腊肉

/ 五香卤鸭

麻酱味型

朋友来成都旅游，茶余饭后、临别之时，我问他们对这个城市有何感觉，曰："休闲之都，爱喝茶、打麻将。"的确，成都人对麻将十分偏爱，我也曾经沉迷其中，但我今天要给大家说的麻酱是用来调味的，可不是用来娱乐的麻将。

麻酱也就是芝麻酱，顾名思义是用芝麻炒制以后磨出的酱，当然芝麻不炒也能磨成酱，但这种没有经过炒制的芝麻酱，因为含有大量水分，所以不香。炒芝麻绝对是技术活，少一分不香，多一分则焦煳，我想是因为芝麻太小，但含油量高的缘故吧。芝麻按颜色分黑芝麻和白芝麻两种，所以芝麻酱也有黑白之分。汤圆心子、附油糖包子、芝麻糕、小时候常吃的麻酱冰糕和雪糕，常用黑芝麻酱；川菜调味，特别是制作麻酱味菜品时，基本都用白芝麻酱。

/

白芝麻

/

黑芝麻

/ 石磨磨出的芝麻酱

麻酱味型是川菜常用经典味型之一，此味型多用于冷菜。以白芝麻酱或黑芝麻酱、芝麻油、川盐、鸡汤或高级清汤调制而成。部分菜品因风味需要还可加糖色、酱油、红油、醋等调料。调制时，芝麻酱要先用芝麻油调散，让芝麻酱的香味和芝麻油的香味融合在一起，再用其他调料调和。原先麻酱味型主要应用于以肫肝、鱼肚、鲍鱼、蹄筋等为原料的菜肴，范围较广；现在主要用于部分素菜类，如麻酱凤尾、麻酱生菜、麻酱黄瓜等。

麻酱味型特点：
芝麻酱香
汁稠味浓

/ 麻酱汤圆

/ 麻酱凤尾

/ 黑芝麻汤圆心子

麻酱生菜

要想麻酱生菜好吃，调制麻酱是关键，现在就告诉你调制麻酱的窍门。芝麻酱是芝麻炒熟后磨出来的，加水调和以后的浓度更适合于拌菜。其调和的浓度要根据不同的菜品进行调节，例如做担担面的芝麻酱需要调得稀一些，这道麻酱生菜需要的芝麻酱就要适当浓一些。在调制芝麻酱的过程中，我还加入了红糖浆，使得芝麻酱更别具风味。调好的芝麻酱可以用来搭配任何能生吃的蔬菜，如黄瓜、凤尾、番茄等。

○ **主料**

生菜　　　150克

○ **调辅料**

芝麻酱　　50克

白糖　　　10克
盐　　　　1克
温开水　　50克
熟芝麻　　少许
红糖浆　　适量

小秘密

· 调芝麻酱有水调和油调两种方法，相对来说，油调的因加入油脂而香味更加浓郁，水调则更符合现在的健康饮食理念。

· 调芝麻酱时，加水不要一次加够，而需要一边搅拌一边添加，以达到自己喜欢的浓稠度。

· 生菜也可以换成黄瓜、青笋尖、莲白等蔬菜，还可以换成三文鱼、熟鸡胸脯肉、酥肉等荤菜原料。

○ **做法**

1 生菜洗净备用。

2 芝麻酱放入碗中，往其中加入温开水。

3 加入白糖、盐。

4 加入红糖浆。

5 用筷子顺时针方向搅拌，调散，在调制过程中注意保持浓度适宜。

6 将调好的芝麻酱淋在生菜上，撒上熟芝麻即可食用。

麻酱银芽

银芽就是去除根和豆瓣的黄豆芽茎。一个好的烹饪者应该懂得尊重食材并善于利用，所以做这道菜去掉的根和豆瓣我都用上了，加一根猪棒骨炖两个小时，就是一锅好喝的豆芽汤。

○ **主料**

黄豆芽　　　300克

○ **调辅料**

芝麻酱　　　50克
盐　　　　　1克
白糖　　　　5克
醋　　　　　10克
香油　　　　5克
红油　　　　10克
清水　　　　适量

○ **做法**

1 将新鲜的黄豆芽取出备用。

2 将每根黄豆芽掐头去尾。

3 将择好的黄豆芽清洗干净。

4 黄豆芽放入滚水中焯熟，捞出后凉凉，放盘中备用。

5 碗中放入芝麻酱，加入盐。

6 加入白糖。

7 加入醋。

8 加入香油。

9 最后加入红油，调和均匀。

10 将调好的料汁淋在豆芽上即成。

 小秘密

- 豆芽下锅切忌久煮，为保证豆芽脆嫩的口感，略微烫一下断生即可。
- 香油和红油的比例可根据自己喜好调整，不喜欢辣就少加红油，多加香油。
- 淋麻酱汁前，豆芽需再次沥干水分以保证成菜美感和口味。

芥末味型

　　不少人第一次接触芥末都是从吃刺身开始的，甚至还有人觉得芥末是日本人发明的，这真是大错特错了。最早的芥末味来源于芥菜，而中国是芥菜的发源地，中国人吃芥末味的历史可以追溯到2000多年前。四川人说芥末的味道是冲味，当把一个蘸满了芥末味汁的四川春卷放进嘴里，那种从鼻腔和眼窝中瞬间涌出的感觉，说的就是这种味道。

/
好大的芥菜

/
芥菜尖晾干就可以制作四川冲菜了

芥末味的凉拌三丝

芥末味型是川菜经典传统味型之一，多用于冷菜和小吃。以芥末或冲菜、川盐、醋、糖、酱油、香油调制而成。调制芥末时，要先将芥末子磨成粉状，再用热汤汁调散，需密封保存，并要放笼盖上或火旁保温，用时才能取出。调制芥末讲究用量精准、一次到位，以免影响成菜口味。川菜传统的芥末味型运用相当广泛，如鱼肚、鸡肉、鸭掌、白菜、猪肚、三丝等原料，典型菜品有芥末嫩肚丝、芥末鱼肚、芥末鸭掌、芥末鸡丝、芥末春饼、拌冲菜、冲菜鸡片等。

芥末味型特点:

冲辣十足

咸鲜酸香

133

芥菜籽

芥末春卷

"一年之计在于春"，春天是万物复苏的季节，是百花盛开的季节，是充满希望的季节，更是大家踏春、赏春、郊游野炊的季节。郊游野炊肯定离不开吃，这道芥末春卷就是我们家郊游野炊的必备。

○ 主料

春卷皮	200克
混合蔬菜	300克

○ 蘸水料

酱油	5克
芥末膏	3克
醋	10克
盐	2克
白糖	10克
花椒面	1克
辣椒油	25克

134

小秘密

· 此道菜准备的是青笋、胡萝卜、红萝卜、折耳根，也可以根据自己的喜好添加其他蔬菜。

· 春卷皮最好当天制作，当天使用，过夜或放置时间太久会变干和失去筋度，从而影响口感。

· 虽然叫春卷，但现在一年四季都可食用，可根据季节变化而变换菜品。

· 芥末膏也可用黄芥末或辣根、山葵等代替。

○ 做法

1 用刀将圆圆的春卷皮一分为二，备用。

2 各类时蔬洗净，切丝备用。

3 取各类蔬菜丝，用半圆形的春卷皮包裹成花束状。

4 包裹蔬菜时一定要压紧。

5 将裹好的春卷装盘。

6 在碗中用酱油将芥末膏调散。

7 再依次加入醋、盐、白糖、花椒面、辣椒油，搅拌均匀。

8 吃的时候用春卷蘸蘸水即可。

四川冲菜

四川有一种小菜叫"冲菜"，其主要特点就是"冲"。制作冲菜时讲究3个词：趁热、快速、密闭。成功的要诀是：在密闭的环境中，热气让芥菜薹轻微发酵，产生类似芥末油的"冲"味。买芥菜薹时，最好挑微微开黄花的芥菜薹心来做，这样更容易成功。春夏之交的餐桌上来上这么一碟小菜，那真是酸爽、开胃、下饭。

○ 主料

芥菜薹	500克

○ 调辅料

花椒面	1克
盐	2克
酱油	10克
醋	15克
白糖	5克
红油	20克

小秘密

· 只有春天即将开花的芥菜薹芥末味最重，所以在春天吃这道菜最适合。
· 芥菜薹晾至略干这一步很重要。
· 芥菜薹下锅后切忌炒太久，完全炒熟后芥末味就会变淡甚至消失。

○ 做法

1 先将芥菜薹洗净，摊开晾晒一天。

2 将晾晒好的芥菜薹切细。

3 铁锅置火上烧热，下入切细的芥菜薹。

4 迅速翻炒，炒至芥菜薹断生即可。

5 芥菜薹炒好后，立即装入密封玻璃容器里并压紧。一般常温密封发酵24小时即可出冲味。

6 发酵好后将芥菜薹取出，装入碗中。

7 加入酱油、盐、白糖。

8 再加入花椒面、醋。

9 最后淋上红油拌匀即可。

姜汁味型

生活中，每人对食物都有好恶，比如有人不吃辣椒，有人不吃花椒，有人不吃葱，还有人不吃姜……我的朋友中就有两位不吃姜，他们中一位来自天津，另一位来自东北。起初，我实在不理解为什么他们讨厌吃姜，后来当我路过北方，领教了北方那长得胖胖的生姜味道以后，我才恍然大悟：这种看着胖乎乎的老姜，吃起来不但没啥姜味，甚至还有股说不出的怪味。就因为这小小的生姜，我又对我的家乡四川瞬间充满了自豪！四川的小黄姜真的很好，至于到底有多好，吃了你就知道了。

姜汁味型是川菜传统常用味型之一，广泛用于冷、热菜式。以川盐、

136

/
四川小黄姜和普通老姜对比

/
四川小黄姜

/
四川小黄姜

生姜、醋、酱油等调料调制而成。调制冷菜时，在咸鲜味基础上，重用姜、醋，突出姜的辛辣和醋的酸味；调制热菜时，可根据不同菜肴风味的需要，酌加泡辣椒、小米辣、郫县豆瓣酱或辣椒油，但以不影响姜、醋为前提。姜汁味型广泛应用于各类荤素原料，如鸡、兔、猪、豆类、素菜类。典型菜品有姜汁肚丝、姜汁豇豆、姜汁鸭掌、姜汁菠菜、姜汁热窝鸡、姜汁肘子等。

姜汁味型特点：
姜味醇厚
咸鲜酸爽

/
鲜嫩的仔姜

/
姜叶下面就是仔姜

/
一大桶仔姜

姜汁荷兰豆

荷兰豆也叫软荚豌豆，是豌豆的一个品种。荷兰豆一般是焯水之后做沙拉或下锅炒熟食用。这道姜汁荷兰豆属于比较新颖的一种做法，让舶来品荷兰豆与川菜传统味型姜汁味型组合，其味道我自己还是非常喜欢的。

○ 主料

荷兰豆	300克

○ 调辅料

姜粒	20克
盐	2克
醋	30克
色拉油	适量

○ 做法

1 荷兰豆去除筋丝后洗净，并切成丝。

2 将切成丝的荷兰豆放入滚水中焯熟。

3 捞出荷兰豆，凉凉。

4 姜粒放在碗中，在锅中放入适量色拉油，烧滚后淋在姜粒上，并加入盐。

5 往姜汁中加入醋，调匀。

6 将姜汁淋在凉凉后的荷兰豆上即成。

小秘密

- 为保证脆嫩口感，将荷兰豆下锅焯水断生即可。
- 姜汁味离不开醋的配合，醋有很多种，建议大家用香醋，不但色泽美观而且最能突出姜味和荷兰豆的清香味。
- 如果没有南方地区特别是四川的小黄姜，最好别做这道菜，因为没有好的食材，做出的菜的味道也好不到哪儿去。

姜汁热窝鸡

姜汁热窝鸡是一道老牌四川名菜，要想味道正宗、好吃，必须具备3点：必须选用八九个月的土公鸡，这种鸡吃起来鲜香味更浓；煮鸡时断生即可，不可煮太久，否则会失去嚼劲；要选用四川本地产的小黄姜和纯粮食酿造的醋。

○ **主 料**

公鸡腿	1个（约500克）	泡椒	20克

○ **调 辅 料**

		水淀粉	25克
		醋	25克
菜籽油	30克	盐	4克
猪油	30克	葱	15克
花椒粒	适量	料酒、香油	各少许
老姜	45克	高汤	适量

○ **做 法**

1 鸡腿冷水下锅，加入料酒、5克老姜、花椒粒，煮熟后凉凉。

2 将煮熟的鸡腿剁成块，备用。

3 将剩余的老姜切成粒。

4 泡椒切成马耳朵。

5 锅内放入菜籽油和猪油，烧热。

6 油温六成热时先下入老姜粒炒香。

7 再下入花椒粒。

8 下泡椒炒香。

9 往锅中加入高汤后下入鸡块，并大火烧开。

10 加盐转中火继续烧几分钟至入味。

141

11 加入切好的葱段。

12 加入醋。

13 用水淀粉勾芡。

14 淋上香油后起锅，装盘。

小秘密

- 因为鸡腿后边还要下锅烧制调味，所以前期不要煮太久。
- 用菜籽油和猪油调和的混合油烧制更能突出这道菜的鲜香。
- 勾芡不宜太浓，以收汁亮油为度。

姜丝烤脑花

很多朋友对猪脑这种食材是又爱又恨，爱它细腻滑爽的口感，恨它超高的胆固醇。火哥对脑花的态度是可吃可不吃，没有不思念，有了不拒绝，当然前提是脑花必须新鲜，制作一定是重口味！

○ **主料**

猪脑	两副	白酒	3克
		盐	2克
○ **调辅料**		泡子姜	10克
		香辣豆豉酱	10克
姜片	5克	猪油渣	10克
花椒	1克	葱花	2克
葱段	5克	泡菜水	适量

○ **做 法**

1 新鲜猪脑用牙签剔除血污和筋膜。

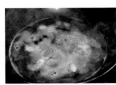

2 脑花冷水下锅，加姜片、花椒、葱段、白酒、盐，中小火煨10分钟左右。

3 将泡子姜切成姜丝，放入不锈钢碗中。

4 将煨好的脑花放在姜丝上。

5 加入香辣豆豉酱（可以用老干妈辣椒酱代替）。

6 加入一点儿泡菜水。

7 再加入猪油渣。

8 入烤箱150℃烤25分钟，取出撒上葱花即可。

小秘密

· 猪脑制作前，其筋膜一定要去除干净，这样不但吃时口感更佳，而且还可最大限度减少腥味。

· 脑花前期煨制过程中切忌使用大火，那样会将脑花冲散，变得不成形，甚至变成一锅汤。

· 猪油渣是重要配料，一定要新鲜且酥脆，用肥膘肉炸制的油渣效果更好。

酱香味型

也不知从什么时候开始，猪油和肥肉被划为了异端，被无数追求健康的人打入了冷宫。当然，吃不吃它们是个人自由，但我要说的是，如果在饮食中缺了这两样，肯定会错过两样美味：酱油饭和酱肉！

酱油饭和酱肉是两种典型的酱香味型的美味，它们的调味分别用到了酱油和甜面酱这两种包含不同酱香味的调味料。首先，我们来说说酱油，酱油是一种全国范围甚至世界范围内使用最为广泛的调味品之一，我们日常很多炒菜、烧菜、拌菜、蒸菜、小吃、面条都离不开它。

现在流行一句话叫"我是来打酱油的"，作为一名70后，我们小时候的酱油真是拿瓶瓶罐罐打回来的，因为那个时候只有散装酱油。我国最好、最传统的酱油是用干黄豆泡发、蒸煮以后加盐发酵而成，蒸煮的时间短，但发酵时间却要3年以上。在漫长的日晒夜露的发酵过程中，需要根据天气变化，不定期对发酵中的黄豆进行翻动，成百上千的酱油缸子每翻动一次，对做酱油的老师傅而言，都是一项极具挑战性的工作，这其中的辛劳也只有他们最清楚。曾经很多人问我生抽、老抽和酱油之间有啥区别，在此我可以明确地告诉大家：生抽、老抽都是酱油，"抽"是一个动词，是把酱油从酱油缸子中用提子打出来的一个动作。"生

/
泸州先市的传统酱油制作

/
打酱油

/
甜面酱

/ 小时候常吃的油油饭   / 装盘的四川酱肉   / 晾晒的四川酱肉

字表明这种酱油的发酵时间短，所以颜色较浅，酱香味淡，适合用来做凉拌菜；"老"字表明发酵时间足够长，颜色深，酱香浓郁，适合用来做烧菜或用作个别小吃调味。

    随着生活节奏加快，很多厂家因为经济利益驱使，早就失去了尊重食材的耐心，甚至有人用化学原料来制作假酱油，大家去超市买酱油时需要注意几点：是否为酿造酱油；关注蛋白质含量，蛋白质含量越高越好；注意标签上标注的氨基酸态氮含量，含量越高，酱油级别和价格也就越高；注意原材料明细中是否含谷氨酸钠，如果有，说明添加了味精成分；要注意钠含量，钠含量越高的酱油越咸。

    我们再来说说甜面酱。四川的甜面酱又叫甜酱，传统的甜酱是用面粉发酵而成。小时候，家长第一次吩咐我们这些娃娃去打甜酱时，往往都会在掏钱的同时叮嘱一句话，"不准蘸来吃哦，生甜酱吃了要拉肚子的！"有一次虽然我满口答应，但在打了甜酱回家的路上还是难以抵挡罐子里飘出来的甜酱香，那味道就仿佛是酱肉或酱肉丝在召唤，左右环顾后，我的手不自觉地伸进罐子里，快速抠出一大坨来塞进嘴中，紧接着当然就是"呸呸呸"的声音，那种满嘴咸甜交织的味道仿佛就在昨天。

    酱香味型是川菜传统常用味型之一，多用于热菜或冷菜中的腌腊制品。以甜酱、酱油、川盐调制而成。因不同菜肴有风味变化的需要，可酌加白糖、冰糖、胡椒面、花椒面及姜、葱。调制时需关注甜酱或酱油的质地、色泽、味道，并根据菜肴风味的特殊要求，决定其他调料的使用分量。单独使用甜酱调味时，需注意甜酱是否有酸味，如有，则应适量加盐和白糖；如果甜酱色泽过深、浓稠度过高，可用清水加以稀释，会令色泽稍淡。酱香味型主要应用于以鸭肉、猪肉、猪肘、豆腐、冬笋为原料的菜肴，如酱烧鸭子、酱牛肉、太白酱肉、酱烧双冬、酱油饭等。

川味酱牛肉

我们用于菜品调味的酱，根据原材料的不同可分为很多种，如甜面酱、黄豆酱、豆瓣酱、鱼酱、虾酱、果酱等。这道酱牛肉就肯定和酱有关，只不过地区不同，用的酱也不一样，有些人爱用甜面酱，也有人喜用黄豆酱，甚至还有人用果酱。不管用什么酱来做，自己和家人喜欢是最重要的。

○ 主料

牛腱子肉	500克	五香粉	2克
		盐	5克

○ 调辅料

		花椒	1克
甜面酱	50克	老姜	10克
白酒	10克	白糖	2克
酱油	10克	辣椒面	10克

○ 做法

1 在甜面酱里依次加入白酒、酱油。

2 加入五香粉。

3 加入盐。

4 加入花椒。

5 老姜切成姜片，加入甜面酱中。

6 加入白糖，拌匀备用。

7 将混合均匀的酱料涂抹在牛腱子肉上，冰箱冷藏腌制8小时以上。

8 将腌制好的牛肉放入蒸锅中蒸1小时。

小秘密

· 牛腱子肉的蒸制时间需要根据具体情况调整，如果是老牛的牛腱子肉需要蒸2小时以上才会熟软。

· 冰箱冷藏腌制是牛肉入味的关键，时间太短则达不到效果。

· 蒸好的牛肉还可以在汤汁中继续浸泡一段时间，以便进一步入味。

9 取出牛肉，凉凉。

10 将牛肉切片，配以辣椒面蘸食。

酱烧双冬

所谓"双冬"，就是冬笋和冬菇，在我看来这两样食材就像番茄与鸡蛋、大葱和烧饼、卤肉与锅盔一样，是绝配。酱有很多种，比如豆瓣酱、黄豆酱、西瓜酱、番茄酱，这次用的是甜面酱。用少量猪油把姜、葱爆香后，再加甜面酱炒香，然后加高汤和双冬一起用中小火慢慢收汁。在这个过程中，酱香也就慢慢浸入了双冬内部。虽然是道素菜，但那种鲜香却是很多荤菜也无法比的。

○ **主料**

冬笋	200克	盐	3克
水发冬菇	100克	甜面酱	15克
		葱花	适量
○ **调辅料**		水淀粉	适量
		菜籽油	适量
老姜	5克	高汤或清水	适量
大葱	5克		

○ **做法**

1 冬笋去皮后，改刀成厚片。

2 将厚片再切成小块。

3 泡发好的冬菇切成小块备用。

4 冬笋加盐焯水，捞出备用。

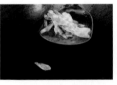

5 锅内放适量菜籽油，油温六成热时下入切好的姜片、葱段爆香，随后弃去姜片和葱段。

6 下入甜面酱，小火炒散、炒香后加入高汤（做法见第176页）或清水。

7 大火烧开。

8 加入冬菇、冬笋，中小火烧至入味。

9 用水淀粉勾芡。

10 炒匀后撒上葱花即可。

小秘密

· 个别地区的冬笋会有苦涩味，可以将其焯水后反复用清水浸泡来除去这种味道。

· 不同厂家和品种的甜面酱咸度和色泽会有区别，使用时需根据实际情况调整用量。

· 做时还可加入鲜虾仁、金钩、干贝等海鲜料以丰富口感。

老成都酱肉

俗话说，小雪腌菜，大雪腌肉，传统美食的制作都有严格的时间表。老成都酱肉就是适合大雪节气时烹饪的一道菜，它是集肉香、酱香、酵香于一体的家乡年味。

○ **主 料**			盐	20克
带皮猪五花肉	1000克		醪糟	50克
			葡萄糖	20克
○ **调 辅 料**			五香粉	10克
四川甜面酱	150克		四川白酒	20克

○ **做 法**

1 将五花肉切成宽7厘米左右的条状。

2 用刀在每一块肉皮上面开口，便于晾晒。

   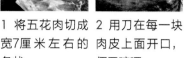

3 碗中放入甜面酱，并加盐。

4 加入葡萄糖。

5 加入醪糟、白酒。

6 加入五香粉。

7 把所有加入的调料搅拌均匀。

8 将酱汁倒入肉中，肉块的每个部位都要用酱料拌匀，随后加盖密封。

9 腌制3天（72小时），每天上下翻动一次。

10 将腌制好的酱肉清洗后挂在阳台，晒一到两天后转通风处风干。这个过程一般在半个月以上。

小秘密

- 因不同品牌、不同品质的甜面酱盐度和甜度有很大差异，所以每次大量制作前，盐度和口味都需要小批量试做后，根据情况及时调整。
- 平均气温10℃以下时才能制作酱肉，否则易变质。
- 腌制过程中，需要每天翻动一到两次，以保证入味均匀。
- 注意三防：防雨、防鼠、防小偷。
- 风干以后的酱肉可以封装后放冰箱冷冻室保存，想吃时解冻后煮好切片即可。

151

11 做好的酱肉洗净，在沸水中煮40分钟左右捞出。

12 将酱肉凉凉。

13 酱肉切片后再次加热即可。

五香味型

五香味型是零食和休闲下酒菜的大本营，五香瓜子、五香卤肉、五香豆腐干、五香牛肉干等，四川把喜欢吃这类五香味零食的人叫"五香嘴"，也就是"好吃嘴"的意思。

所谓"五香"，是以多种甚至二十来种香料来烧煮食物的传统说法。很早以前我就疑惑，为什么明明用了不止5种香料，却被称为"五香"？查阅很多书籍和资料以后我才明白，原来川菜味型中的五香和五谷中的"五"字是一个意思，并非表示实际的数量，而是很多种甚至包罗万象的意思。

/
制作卤菜

/
四川卖卤菜的商贩

/
卤菜出锅

／
卤鸡翅

五香味型是川菜常用味型之一，广泛用于冷、热菜式。五香的原料远不止5种，香料通常有花椒、八角、山柰、丁香、小茴香、甘草、白蔻、桂皮、草果等，可根据原材料的不同酌情选用。这些香料加入盐、料酒、老姜、葱等，可用来腌渍食物、烹制或卤制菜肴，这其中又以川式卤菜为多。五香味型在过去主要用于以家禽、家畜、内脏、淡水鱼类、豆制品为原料的菜肴，如香酥鸡、油烫鸭、五香熏牛肉、五香卤排骨、五香豆腐干、五香卤斑鸠、五香熏鱼等；现在也用于山珍海味类的菜肴。如五香茶树菇、五香鲜笋、五香卤鲍鱼、五香螺肉等。

五香味型的特点：
浓香四溢
咸鲜适口

153

／
卤鸭翅膀

／
卤鸭舌

／
卤鸭子

常 见 香 料 简 介

1 八角

八角又叫大料、大茴香、八角茴香等，是一种著名的药食两用植物。其果皮、种子、叶都含有芳香油，是菜品调味和食品工业的重要原料，川菜烹调主要用其果皮和种子。八角的主要产地为云南、广西壮族自治区、福建、广东等地区。

2 草果

草果又叫草果仁、草果子，是姜科豆蔻属多年生草本植物。其也可药食两用，既是中药材，又是调味香料。草果主要产地在云南、广西壮族自治区、贵州等地区。

3 山奈

山奈又叫沙姜、三奈、三奈子、三赖、山辣，多年生宿根草本植物，姜科山奈属山奈的根茎。其原产于热带地区，在我国主要产于广西壮族自治区、广东两地，是著名的香料和食物调味料。

4 桂皮

桂皮又叫阴香、香桂、柴桂、山肉桂，土桂，是樟科樟属植物肉桂、香桂或川桂等树皮的通称。桂皮是五香粉重要的成分之一，也是最早被人类使用的香料之一。

5 桂枝

桂枝又叫柳桂，为樟科植物肉桂的干燥嫩枝，有特异香气，味甜、微辛，皮部味较浓。其主要产于广西壮族自治区、广东及云南等地。

6 白蔻

白蔻又叫多骨、壳蔻、白豆蔻、白蔻仁、豆蔻，为姜科多年生草本植物白豆蔻的果实。

7 花椒

花椒又称麻椒、椒、大椒、秦椒、蜀椒，是芸香科花椒属落叶小乔木，为川菜重要的特色香辛料。花椒在全国各地均有种植，但最好的花椒出自四川。

8 红蔻

红蔻又叫红豆蔻、空豆蔻，为姜科植物高良姜的果实，主产地为广东、广西壮族自治区、云南、海南等地。

9 草蔻

草蔻又叫草蔻仁、土砂仁、大果砂仁等，广泛种植于我国的海南、广东、广西壮族自治区、云南等地。

10 砂仁

砂仁为姜科植物阳春砂、绿壳砂或海南砂的干燥成熟果实。阳春砂主产于广东、广西壮族自治区、云南、福建等地；绿壳砂主产于广东、云南等地；海南砂主产于海南及雷州半岛等地。于夏、秋间果实成熟时采收，晒干或低温干燥。

11 肉蔻

肉蔻又叫玉果，为肉豆蔻科植物肉豆蔻的成熟种仁。主产于马来西亚、印度尼西亚；我国广东、广西壮族自治区、云南也有栽培。冬、春两季果实成熟时采收。

12 香茅草

香茅草又叫包茅、柠檬草，是一种多年生草本植物。主产于云南、贵州、四川、广东、广西壮族自治区等地。

155

13 灵草

灵草又叫灵香草、零陵香、燕草、蕙草，是一种多年生直立草本植物，主产于四川、云南、贵州、湖北、广东、广西壮族自治区等地。

14 甘松

甘松又叫甘香松、香松香、香松等，为败酱科植物甘松的干燥根及根茎。主要产地为四川、云南、西藏自治区等地。

15 白芷

白芷又叫川白芷、芳香，为伞形科当归属植物，产于我国东北、华北、云南、贵州等地。

16 陈皮

陈皮也就是干燥的橘子皮，为芸香科植物橘及其栽培变种的干燥成熟果皮。主要产地为四川、广东、湖南、贵州、云南等地。

17 高良姜

高良姜又叫风姜、小良姜，为姜科植物高良姜的干燥根茎。主产地为广东、广西壮族自治区、云南、海南等地。

18 香叶

香叶又叫月桂叶、香桂叶，原产于地中海一带，现在我国南方的云南、广西壮族自治区、贵州均有种植。

19 小茴香

小茴香又叫茴香、小香、怀香，为伞形科植物茴香的干燥成熟果实，在我国各地均有种植。

20 孜然

孜然又名马芹子、孜然芹，在我国南疆部分地区也被称为小茴香。孜然为伞形科植物孜然芹的果实，主要分布于埃及、印度、伊朗、土耳其和俄罗斯的部分地区。

21 胡椒

胡椒又叫玉椒、白川、黑川、浮椒，为胡椒科胡椒属植物胡椒的干燥近成熟或成熟果实。胡椒的种类很多，按颜色分为白胡椒、黑胡椒、绿胡椒、红胡椒等，川菜常用的是白胡椒。

22 五香粉

所谓"五香粉"，其实并不一定是5种香料打粉后混合而成，其中"五"，来自于中国饮食文化对酸、甜、苦、辣、咸五味要求的平衡。在很多情况下，是厨师根据自己的习惯将超过5种的香料研磨成粉状混合在一起。常用的香料有花椒、砂仁、丁香、豆蔻、桂皮、山奈、八角、小茴香等。川菜常常将五香粉用于肉类菜肴腌制，令其去腥入味，也可用于快炒肉类、炖、焖、煨、蒸、煮菜肴。

五 香 卤 蛋

五香卤蛋的制作方法非常简单、味道却令人回味无穷。在每个早上，一枚小小的、滋味浓郁的卤蛋足以开启一天的好心情。

○ **主料**

生鸡蛋	3个

○ **调 辅 料**

清水	1000克
酱油	50克
八角	3个
桂皮	3克
香叶	1克
小茴香	3各
盐	40克
干辣椒、花椒	各适量

小秘密

· 做卤鸡蛋时一次可以多做些，这样节约时间和能源。

· 卤过鸡蛋的卤汁可以反复使用，根据实际情况加水、加盐、加香料就行。

· 此方法还可用来卤制其他蛋类或豆干。

○ **做法**

1 将香料一一备齐，鸡蛋拿出待用。

2 锅里放清水，并加入盐。

3 加入各种香料。

4 加入酱油，水开后小火熬煮半小时关火。

5 放入鸡蛋，中火烧开。

6 煮5分钟后，用勺子捞出鸡蛋，并用筷子将鸡蛋壳轻轻敲出细裂纹，再次放入卤汁中继续卤煮10分钟关火。关火后浸泡2小时入味，吃时开火微微加热即可。

157

五香肝片

猪肝有多种做法，爆炒是为了品味猪肝的嫩滑，这种五香的做法是为了尝到猪肝致密的口感。如果你担心爆炒不能掌握火候，我建议这样做猪肝，既简单实用，又有多种吃法，比如配辣椒面、配椒麻等。总之，可以按个人喜好随意搭配调料，使之成为自己喜欢的味道。

○ 主料

新鲜猪肝	500克

○ 调辅料

姜片	5克
葱叶	10克
黄酒	10克
五香粉	10克
酱油	5克
盐	8克
辣椒面	5克

○ 做法

1 新鲜猪肝洗净后切几刀，便于腌制时入味。

2 加入姜片、葱叶和黄酒。

3 加入五香粉、盐。

4 加入酱油后拌匀，冷藏腌制2小时左右。

5 将猪肝放入蒸锅中大火蒸20分钟以上，取出凉凉（猪肝一定要蒸熟）。

6 猪肝切片，注意厚薄均匀。

7 码放整齐摆盘即可，可根据自己喜好决定是否加辣椒面。

小秘密

· 猪肝属于内脏，含有大量猪血，易变质，购买时一定要选色泽均匀、新鲜无异味的。

· 如果制作时间充裕，腌制过程可以加长，这样成品更入味。

· 大量制作时一定要延长蒸制时间，以要保证猪肝熟透。

烟香味型

现代人和原始人最大的区别是什么？有人说是直立行走，有人说是语言文字，有人说是用火烹饪食物，这3点中我更认可最后一种说法。自然界中火的出现肯定早于人类，而火的产生主要与植物有关，因植物燃烧时会产生烟，所以烟香味型应该是人类已知最早的味型了。现在，几乎世界上的所有民族都有烟熏类食物，在这一点上四川人也不例外，我们不但用植物明火燃烧后产生的烟气来熏烤食品，在几千年的经验总结中，四川人还学会了根据不同植物燃烧后所产生的烟香味不同，有针对性地熏烤不同的食物，如樟茶鸭、柏丫熏老腊肉、红板兔、烟熏香肠等川味美食。每次我用筷子夹着一片片晶莹剔透的腊肉入嘴时，我都会感叹古人的聪明才智！

不过要提醒大家，烟熏食物虽然味美，但是为了健康，还是要少吃。

160

/
四川烟熏腊肉

/
烟熏牛尾笋

/
烟熏豆腐干

　　记忆中，樟茶鸭不是每家都会做，因为不是每家都有老卤水，但烟熏腊肉或其他烟货却是家家都有的。以前每年冬至前后，就到了做腊肉、香肠的季节。二刀肉、五花肉、肘子、猪尾巴、猪耳朵、猪脑壳，人们按自家的喜好把肉买回家后，先用自贡井盐炒烫，再将各种香料均匀抹在肉上，待表皮发白、码味均匀后，将肉放入土陶盆或木盆中腌制。腌制期间，我们这些小孩子是万万不能因为淘气而揭开腌肉盆的盖子的，在那个年代这一盆肉可是全家人春节的期盼。腌制一周以后，家里的大人会把腌制入味的烟货拿出来清洗一下，并挂在屋檐下，当肉皮收紧时就开始烟熏了。熏腊肉一般是几家人合伙制作，比如张三出破席子，李四负责砍柏丫，王二麻子负责点火和观察……熏腊肉绝对是技术活，一般需要十多个小时，并且熏制期间不能离人。首先，怕有人顺手牵羊；再者，就是要随时观察、调整，整个过程中要保证有烟但不能大，有火但不见明火，如果下雨了还要及时遮雨。看了熏制腊肉的过程，大家知道那时候吃一口家里制作的腊肉是有多难、多麻烦了吧！

烟香味型特点：
咸鲜醇浓
香味独特
‑‑‑‑‑‑‑‑‑‑‑‑‑‑‑‑‑‑‑‑‑‑‑

161

/
四川烟熏火腿

/
花生壳、核桃壳、瓜子壳都是用来烟熏的上好原料

烟香味型是川菜经典常用味型之一，通常以柏丫、茶叶、香樟叶、花生壳、糠壳、锯木屑为熏制材料，定点熏制时需将以上材料点燃后闭其明火，利用不完全燃烧时产生的浓烟或乡村用柴灶做菜时燃烧竹木的余烟，来熏烤已经腌渍、码好味的鸡、鸭、鹅、兔、猪肉、牛肉等原料，从而让食材产生一种特殊香味。如用香樟叶与茶叶熏烤的樟茶鸭，用锯木屑和花生壳熏烤的香肠腊肉，用柏树枝熏烤的猪头肉等等，都具有不同的烟香味道。烟香味型广泛用于冷、热菜式。使用时根据不同菜肴风味的需要，可选用不同的调味料腌制和熏制食材。烟香味型主要用于熏制家禽、家畜、野味等肉类食品原料或以豆制品、竹笋、山货等素菜类为原料的菜肴。典型菜品有樟茶鸭、烟熏老腊肉、烟熏牛肉、烟熏排骨、烟熏豆干、四川烟笋等。

162

/
制作四川樟茶鸭的重要原料香樟树

/
可用于制作烟熏菜品的谷草

煮腊肉

我家喜欢把腊肉煮着吃，这样有两个好处：第一，腊肉含盐量较高，煮着吃可以有效降低腊肉的咸度，更利于健康；第二，煮腊肉的汤还可以煮点儿素菜，这种腊肉素菜汤不但合理利用了食材，而且吃起来别有一番风味，大家不妨一试。

○ **主料**　　　　　○ **调辅料**

后腿腊肉　　1块　清水　　　适量

○ **做法**

1 取出腊肉备用。

2 用火将腊肉皮均匀地烧一下。

3 腊肉皮烧好后，用丝瓜瓤加温水刮洗干净。

4 腊肉冷水下锅。

5 大火烧开后转小火煮30分钟左右。

6 如果腊肉太咸，可以换水再煮一次。

7 煮好的腊肉凉凉后切片摆盘，食用时再次蒸热即可。

小秘密

· 经过烧制后，煮出来的腊肉其皮的口感更软糯。

· 如果腊肉太咸或太干，建议先用淘米水或温水反复浸泡后，再洗净煮熟。

· 煮腊肉的汤还可以用来煮萝卜、儿菜、青菜等素菜。

樟 茶 鸭

樟茶鸭是一道四川传统名菜，馆子里边一般是用3个月左右大的整只土鸭子来制作。但自己制作时，由于整只鸭子太大，如果没有经验，在温度高的季节，在腌制风干的过程中，很容易变质、发臭。在这里教大家一种简易且安全度高的樟茶鸭制作方法，用鸭腿来制作这道名菜。

○ **主 料**

新鲜鸭腿　　2个

○ **调 辅 料**

大葱	10克
姜	5克
五香粉	20克
盐	8克
白酒	20克
香樟树叶	适量
茉莉花茶	适量
熟菜籽油	适量

○ **做 法**

1 将切好的大葱段、姜片、盐、五香粉、白酒依次放入碗中。

2 用手揉搓大葱段，同时将各种调料混合均匀。

3 将调料汁均匀地抹在鸭腿上，放冰箱冷藏腌制8小时。

4 鸭腿腌制好后取出，系上绳子挂在通风处。

5 风吹至皮收紧后将鸭腿取下。

6 铁锅置于灶上，锅中放剪碎的香樟树叶和茉莉花茶。

7 将支架放在香樟树叶与茉莉花茶上，鸭腿平摊在架子上，开火。

8 待出烟后加盖，小火熏制。

9 20分钟后翻面，使鸭腿上色、增味均匀。

10 将鸭腿取出，装盘放入蒸锅内蒸30分钟后取出凉凉。

11 锅中放适量熟菜籽油，油温五成热时下入鸭腿，炸至鸭皮棕红、酥脆时捞出。

12 炸好后自然冷却，吃时剁成小块装盘即可。

165

小秘密

· 冬天可将鸭腿直接挂到室外通风处，夏天可用风扇，一般吹三四个小时即可。这样可让鸭腿的皮收紧，口感更好。

· 熏制的过程切忌用大火。

· 油炸时要掌握好油温，油温不可太高。

烟笋炒腊肉

烟笋是经过烟熏的竹笋，也是一种具有四川特色的烟香类食材。但烟熏笋子的烟香味因不含油脂，所以和烟熏腊肉的味道略有不同，这两种食材碰撞时会有怎样的感觉呢？试试就知道。

○ 主料

熟腊肉	300克
水发烟笋	100克

○ 调辅料

青椒	50克
干辣椒	10克
花椒	3克
盐	1克
菜籽油	适量

○ 做法

1 将发好的烟笋撕开后切成段。

2 将煮熟的腊肉切成片。

3 锅内放适量菜籽油，油温五成热时下入干辣椒、花椒炝锅。

4 下入腊肉，翻炒均匀。

5 下入青椒、烟笋，翻炒均匀。

6 加盐拌匀后即可出锅。

166

小秘密

· 干烟笋加大量清水煮开后，再换水反复漂洗3次，个别肉厚的烟笋品种还需要用开水长时间浸泡。

· 腊肉下锅后不要煸炒太干，否则会影响口感。

· 如果腊肉咸味很重，起锅前就不要加盐了。

· 因烟笋吸附油脂的能力很强，所以建议选择稍微肥点的腊肉制作这道菜。

香糟味型

小时候，每到冬天街上都会有一个卖醪糟、粉子、汤圆心子的小贩从家门口路过，往往是车没到先听到吆喝声"醪糟儿、粉子、汤圆心子"，当家里的大人把装醪糟的罐子端出来打满的时候，往往要看我一眼并唠叨一句："不准偷喝哦！"

那时候我家有个专门用来装醪糟的罐子，但罐子里常常只有醪糟糊子而没有醪糟汁。我承认这个醪糟汁大多是被我偷喝了，在那个物质相对匮乏的年代，我们儿时没啥零食和饮料，所以醪糟汁成了我的最爱。但醪糟毕竟属于酒，当我有一次喝多了，感觉天昏地转、翻肠倒肚以后就再也不敢多喝了。我估计这是他们给我设的圈套，故意一次打了满满一罐子，让我醉一次就知道厉害了。

/
左边的是长糯米，右边是圆糯米

/
四川小糯米、
也叫酒米

/
用于酿制醪糟的酒曲

/
醪糟粉子蛋是四川常见的早餐小吃

/
醪糟荷包蛋

说到川菜的香糟味，那就需要说说酒文化。四川酿酒有据可考的历史有3000多年，既然有酒，那就肯定有酒糟和醪糟。酒糟是酿酒的副产品，也可以说是白酒的母亲，用酒糟做成的糟卤，在川菜中用得很少；但用醪糟做的菜品，特别是小吃却很多，也很受现代人的欢迎，如醪糟粉子、醪糟汤圆、醪糟蛋等。

香糟味型是川菜常用味型之一，广泛用于热菜和冷菜。以香糟卤或醪糟汁调制而成。因不同菜肴的风味需要，还可加入川盐、胡椒或花椒、冰糖、姜汁、葱汁。调制香糟味时，总的用料原则是突出香糟汁或醪糟汁的醇香，不可让其他调味料喧宾夺主。香糟味型应用范围：以鸡、鸭、猪、兔等家禽、家畜肉类为原料的荤菜菜肴，以及以冬笋、银杏、板栗等蔬果为原料的素菜菜肴。典型菜品有香糟鸡、香糟鱼、糟蛋、香糟兔、香糟肉、糟醉银杏等。

香糟味型特点：
糟香咸鲜
醇而回甜

/
四川酒厂里随处可见的酒糟

/
醪糟

香糟莲白

莲花白，又叫圆白菜、包心菜，家常菜里时常出现它的身影，不过，一般用来做汤、焅炒以及干盐菜。这道香糟莲白属于生拌，做时腌制的时间一定要足，要让醪糟的香味慢慢渗透到菜中。成菜一定是甜香微辣的，菜品好看不说，还可以慢慢享用，绝对是米饭杀手。这道菜的关键是醪糟汁，自己做当然是最好的，不会做的可以到菜市场买，那些用大罐装着的，有着浓郁糟香的都可以买。

○ **主料**

莲花白　　500克

○ **调辅料**

盐	5克
白糖	10克
醪糟汁	20克
小米辣	30克

○ **做法**

1 小米辣切碎备用。

2 莲花白洗净后切成丝，放入盆中。

3 在莲花白中加入小米辣。

4 加入盐。

5 加入醪糟汁。

6 加入白糖，拌匀后腌制1小时以后就可以吃了。

7 吃时就取一些，剩下的放冰箱冷藏，可以吃好些天。

小秘密

- 醪糟一定要用散装、有活性的，超市里卖的那种瓶装的醪糟经过高温灭活，这种醪糟味道比较淡。
- 莲白也可以换成其他素菜，如大白菜、红萝卜、甜椒、青笋、芥菜等。

醪糟粉子

醪糟粉子是四川传统小吃，主要作为早点或夜宵，甜香软糯，还能快速补充能量。我是它的忠实爱好者，几十年来，无数个清晨或夜晚被这一碗亲人用心制作的甜香味浓的小吃所温暖，真是一种幸福。

○ **主料**

糯米粉　　300克
清水　　　220克

○ **调辅料**

蛋黄　　　　2个
冰糖　　　　5克
水淀粉　　15克
枸杞　　　　2克
醪糟　　　20克

○ **做法**

1 将糯米粉放入碗中，加入清水揉面。

2 分多次加水后，将糯米粉揉成干稀适中的粉团，盖上湿毛巾放置半小时。

3 将粉团分成小块，搓成长条；蛋黄打散、搅匀备用。

4 将粉团掰一小段，搓成小汤圆。同时，锅内加适量水，烧开后加入冰糖、枸杞。

5 将所有的粉团搓成小汤圆。

6 将小汤圆下入锅中。

7 小汤圆浮起后，加水淀粉勾芡。

8 最后缓缓加入蛋黄液后关火，加入醪糟即成。

170

小秘密

· 糯米粉最好选用水磨工艺的纯糯米粉，这种糯米粉吃起来更细腻。
· 水淀粉勾芡不宜太浓。
· 醪糟一定最后或关火以后加入，因为醪糟久煮后会产生酸味而影响整体口感。

第 五 章

盐
里
的
乾
坤

川 菜 和 川 盐

俗话说："走遍天下离不开钱，山珍海味离不开盐"，我国用于食用的盐主要有海盐、岩盐、湖盐、井盐，其中井盐被誉为"雪花盐"，纯度可以达到99%以上。我们所说的川盐就属于井盐，它们大多来自于1000多米的地下，四川人早在战国时期就开始享用这种来自地下的恩赐。如今，在被誉为"千年盐都"的四川省自贡市，还能看到这种流传了千年的手工制盐工艺。可以说，正是因为有了川盐，川菜才能以味取胜；正是因为有了川盐，四川泡菜才泡出了一种境界，腌出了一片天地；正是因为有了川盐，四川人才能创造出一个百菜百味的美食世界，并被五湖四海众多挑剔的舌尖所接受、推崇。川菜24种经典常用味型中除了甜香味

南海海盐

西藏岩盐

/
四川井盐

/
青海湖盐

型以外，其他23种都或多或少会用到盐。甚至我们可以这样说，没有川盐的馆子不是川菜馆，不用川盐的菜不是正宗的川菜。

很多现在居住在外地的四川人问我，他们在当地的家中做出来的菜为什么没有在四川本地吃得那么好吃，而且做的泡菜、腌菜或腊肉、香肠，不知为何也始终没有四川的味道。其实答案很简单，那就是，你的盐用对了吗？

/
四川泡菜

/
四川腌菜

咸鲜味型

　　以前开餐厅时，常有顾客跟我说："老板，我这几天有点上火，牙齿也痛，给我介绍几个白味的菜嘛。"其实，真正白味的菜是不加油盐，不加其他任何调料做出来的菜。我心里明白他的意思，嘴里却不能点透，毕竟顾客就是上帝，是我们的衣食父母，点透了顾客会感觉很没面子。其实，他想要吃的白味菜，我们业内叫"咸鲜味"。

　　你可不要小看咸鲜味型菜品，它才是川菜甚至全国各大菜系中真正当家的味道。这种味型最大限度地保留了食材原有的香味和鲜味。拿川菜来说，咸鲜味型的菜品上至山珍海味、飞禽走兽，下至普通素菜、街头小吃，无一不包括。除了品种多外，咸鲜味型的名贵菜品也是最多的。据老师傅们统计，咸鲜味型菜品在整个川菜系中占比达到了40%，传统名贵菜肴中用到咸鲜味型的更是达到了80%。闻名中外的开水白菜、鸡豆花、鸡蒙葵菜、推沙望月、坛子肉、烧什锦等都属于这种味型，说它是一个豪门味型一点也不夸张。

/
四川传统名菜——开水白菜

/
砂锅菌汤雅鱼

/
龙眼烧白

咸鲜味型是川菜基础常用经典味型之一，分白汁和红汁两种，必以川盐为主体。因不同菜看风味需要，也可用酱油、糖色、白糖、姜、葱、花椒、胡椒调制。调制时，需注意掌握不同盐的咸度，做到咸味适度的同时彰显鲜味，并努力保持烹饪原料本身具有的味道。其中白糖只能起增鲜作用，需控制用量，不能露出甜味，做到吃糖不见糖；调制红汁类咸鲜味菜品时，酱油或糖色也仅是提色、增香，需控制用量。咸鲜味型主要应用于以家禽、家畜、动物内脏、山珍、海味及蔬菜、豆制品、禽蛋等为原料的菜看，如开水白菜、坛子肉、烧什锦、鸡豆花、鸽蛋燕菜、白汁鱼肚卷、红汁鱼唇、鲜熘鸡丝、白油肝片、大蒜肚条等。

咸鲜味型特点：
咸鲜清香

/
四川传统名菜——鸡蒙葵菜

/
四川传统名菜——砂锅什锦

高汤制作

　　高汤，其实属于厨师专用术语，在家中我们一般称为"鲜汤"，在制作菜品时，它经常被用作一种提鲜调味料。例如，一碗清汤面中如果加了高汤，其味道就比单加清水煮的面好很多；烧菜时加点儿高汤，其味道会立刻鲜美很多；很多名菜在制作过程中也都使用到了高汤。高汤制作方法并不难，其实是个考验耐心的过程。

○ **主料**

猪棒骨	1000克
土母鸡	1000克
火腿	300克

小秘密

· 母鸡最好选生长1年以上的下蛋土母鸡，肥点儿的效果更好。
· 火腿要选两年以上的陈年老火腿。
· 熬煮过程中要不断用勺子翻动食材以免煳锅。

○ **做法**

1 将新鲜的猪棒骨、土母鸡、火腿一一备齐。

2 将猪棒骨砍成几大块。

3 所有食材冷水下锅（必须是冷水），水量适当多些。

4 大火快速烧开，水沸腾之前打去所有浮沫。

5 保持大火半小时后转小火，再熬制3小时左右，最后开大火半小时至汤只剩原来一半，汤白味浓即可。

黄 瓜 圆 子 汤

　　圆子汤，最家常的一道菜，几乎每个家庭都做过，但要做好需掌握这几个关键：肉要选猪的前腿，此部位的肉肥瘦比例适中，也嫩；肉一定要剁成泥，筋要除去；调味后一定要搅匀上劲，判断标准就是筷子能否立在肉上；下锅时一定要是小火。这几点做到了，做出的圆子保证又圆又嫩，绝不会散。

○ 主　料

去皮猪前腿肉	500克
黄瓜	1根

○ 调 辅 料

鸡蛋	1个
淀粉	50克
姜粒	5克
盐	5克
黄酒	5克
胡椒粉	适量

○ 做 法

1 将去皮猪前腿肉去筋，剁成泥。

2 将肉放入碗中，加入鸡蛋。

3 再加入姜粒、胡椒粉、黄酒、淀粉。

4 黄瓜去瓤后切成薄片，加适量盐腌制。

5 腌制后将水挤入肉中。

6 肉泥顺时针由慢到快搅拌，至筷子能在肉中直立即可。

小秘密

· 这道菜猪肉肥瘦比例最好是3：7，太瘦圆子吃着不滋润，太肥则会非常油腻，圆子也不易成形。

· 我们用腌制黄瓜挤出的汁水取代常规加入的清水，可以让黄瓜的清香味充分融入圆子中。

· 下圆子时不能用大火，那样很容易将圆子冲散而影响美观。

7 锅内水开后关小火，用手将肉泥挤出成圆形，用勺子舀入锅中。

8 圆子下完后开大火，煮至圆子浮起，打去浮沫。

9 黄瓜片打底，舀入圆子即可。

坛子肉

在川菜大家庭中，有很多菜不是每家都能做和随堂预备的，这类菜即为预定菜或包席菜，一般只有在高档包席馆中才能品到。这道坛子肉就属于这类菜式。这一小坛子肉可不简单，从选料到备料，到后期制作，前前后后可是花费了火哥一天的时间！

○ 主料

土母鸡	半只
猪肘子	1个
水发响皮	100克
心俐肚（猪心、	
猪舌头、猪肚)	500克
虎皮蛋	200克
油炸圆子	100克
小酥肉	100克
野山菌	50克

○ 调辅料

姜片	5克
香叶	1片
八角	1枚
糖色	10克
料酒	10克
盐	2克
花椒	少许
高汤	适量

○ 做法

1 将土母鸡、猪肘子氽透，响皮发透，心俐肚预制切条，野山菌用水发好。

2 洗净的罐子中加入猪肘子。

3 加入土母鸡。

4 加入虎皮蛋、油炸圆子、心俐肚、响皮、野山菌，最后加入小酥肉。

5 依次加入姜片、香叶、八角、花椒。

6 在碗中倒入适量高汤，加入糖色和料酒。

7 往高汤中加盐后搅匀。

8 将调味汁加入坛中。

9 用双层锡纸封住坛口，并用绳子捆紧。

10 将坛子放入锅中，加盖中小火隔水蒸或炖5小时。

11 5小时以后将坛子取出。

12 包上红布即可上桌，当着客人的面揭开封口，倒入盆中即可食用。

小秘密

· 如果是新坛子，使用前最好用清水煮10分钟，自然凉凉，这样可有效防止蒸制时坛体破裂。

· 一年以上的土母鸡才有鲜香味。

· 蒸制过程中，锅内水量一定要够，防止干烧。

· 上桌前包上红布是为了美观和喜庆。

大蒜肚条

这道菜火哥很爱吃，每次进川菜馆都爱点。但爱吃并不是每次都会吃，因为吃之前，我都会看看猪肚是否新鲜，如果是厨师从冰箱中取出的冻货我都不吃。煮熟后进过冰箱的猪肚和当日新鲜煮熟的猪肚，那口味相差可不是一点点，建议大家以后借鉴火哥这个经验。

○ **主料**

熟猪肚	半个	老姜	5克
		四川汉源花椒	1克
○ **调辅料**		葱节	10克
		盐	2克
胡萝卜条	200克	猪油、清水、	
青笋条	200克	水淀粉	各适量
大蒜	30克		

○ 做法

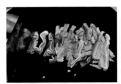

1 将熟猪肚切成筷子条形状。

2 锅内下少许猪油，油温五成热时下入四川汉源花椒、切好的姜片、大蒜，爆香后加清水。

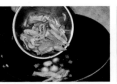

3 下入切好的肚条，开大火烧10分钟左右，至汤色牙白，其间适当加盐调味。

4 下入胡萝卜条烧5分钟，加入青笋条再烧5分钟左右。

5 下入葱节。

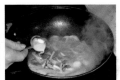

6 勾薄芡起锅装盘。

小秘密

· 猪肚就是猪的胃，夏天特别容易变质，要选择无异味且色泽正常的。

· 用猪油制作这道菜鲜香味会更浓，如果没有猪油也可用其他植物油代替。

· 起锅前勾芡不可太浓，芡汁均匀包裹食材即可。

扣牛头方

扣牛头方是四川地区特色传统名菜，曾经多次入选国宴。正统的扣牛头方以咸鲜味型为主，也有鱼香味型或家常味型的做法，因成菜色泽棕红透亮、肉皮肥糯适口、味道浓鲜醇厚、汤汁浓稠而广受大家喜爱。火哥做的这道扣牛头方，是在传统做法的基础上加了用猪肉炒制的宜宾芽菜，这样在不失牛头方原味的同时，又增加了别样的口感，吃起来也不会显得油腻。

○ **主料**

牛头皮	400克	干辣椒	5克
芽菜肉臊子	100克	花椒	1克
		香油	5克
		水淀粉	15克

○ **调辅料**

姜片	5克	葱花	15克
		原汤、菜籽油	各适量

○ **做法**

1 牛头皮清理干净后预先白卤1小时，凉凉切块。

2 将切成块的牛头皮放入碗中，加入姜片、干辣椒（也可不加）、花椒。

3 加入原汤，即卤制牛肉的汤汁。

4 将碗放入锅中蒸40分钟。

5 将碗中的姜片挑出丢弃，汤汁倒出备用。

6 蒸碗倒扣在盘子上，将牛头皮移入盘子中。

7 锅中放少量菜籽油，将芽菜肉臊子下锅翻炒。

8 往锅中加入蒸碗中的汤汁，并用水淀粉勾芡。

9 加少许香油。

10 加入葱花搅拌均匀。

11 最后将调好的芽菜肉臊子汤汁淋在牛头皮上即可上桌。

小秘密

· 牛头皮的去骨、烧毛、刮皮、烧烫等粗加工是个很复杂和繁琐的过程，家中不便于操作，建议买粗加工好的半成品。

· 因为买的半成品牛头皮熟软程度会有差异，所以建议根据实际情况调整蒸制时间，以能用筷子轻易夹断为度。

· 因牛头皮本身富含大量胶原蛋白，所以最后勾芡不宜太浓。

风吹肉

　　腊肉属于四川传统腌腊制品，四川人一般都有在冬季制作腊肉的习惯，不过因为现在城市中高楼林立，已经很难再见到每家每户隆冬时节烟香满屋的景象了。这种风吹肉可以在家放心做，不会影左邻右舍。

○ 主料

五花肉	5000克
后腿肉	5000克

○ 调辅料

盐	300克
八角	10克
砂仁	5克
桂皮	5克
花椒	2克
四川白酒	300克

○ 做法

1 将盐下锅炒制，切记不能大火，要反复翻炒，不能把盐炒糊了，微微发黄即可。

2 盐炒好后关火，趁热加入八角、砂仁、桂皮、花椒搅拌均匀。

3 五花肉和后腿肉切成合适的条状，并在上面插些小孔以便晾晒。

4 在肉块上抹上白酒，注意涂抹要均匀。

5 将炒好的盐均匀地抹在肉上。

6 将腌制后的肉整齐地码放在容器内，加盖腌制5天，其间翻动1次。

7 5天后即可挂在外边晾晒。

8 挂好后用筷子将猪肉皮刮平，这样做出来的肉会比较好看。

9 晾晒半个月左右即可。

184

小秘密

· 建议在日平均温度低于10℃时制作，这样不容易变质。

· 抹盐一定要均匀，每个部位都要抹到。

羊肉汤

四川简阳羊肉汤是以当地山羊肉为主要食材，再配以特色烹饪工艺制作而成的美食，主要分为碗羊肉汤和羊肉汤火锅两种。将羊肉、羊杂、羊骨头与多种香辛料一起下锅熬煮，羊肉、羊杂煮熟后捞出切片，羊骨头再继续慢熬数小时即成原汤。吃时，先将煮熟的羊肉片或羊杂加姜、葱后用大火爆香，再加入滚烫的原汤一起烧成浓汤即可。此款简阳羊肉汤因羊肉口感细腻、羊杂绵软醇香、羊汤醇厚浓郁，而成为冬季滋补御寒的美味佳肴。

○ **主料**

新鲜羊腿　　　　　1条

○ **调辅料**

白蔻	2个
砂仁	2个
良姜	2片
陈皮	1块
大葱段	10克
姜片	5克
胡椒粉	2克
盐	1克
香菜	10克
蒜苗	10克
小葱	5克
花椒粒	少许
清水、羊油	各适量

○ **做法**

1 将羊腿剁成两块。

2 将羊腿下入清水中，中火烧开，打去浮沫。

3 加入由白蔻、砂仁、良姜、陈皮、花椒粒组成的香料包，继续大火炖煮1小时后捞出羊肉，凉凉。

4 剔除羊大骨，并将其放回汤中继续熬煮。

5 将羊肉切成片备用。

6 锅中放入适量羊油，下入姜片、葱段爆香。

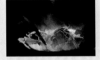 

7 取适量羊肉下锅煸炒。

8 加入羊肉汤，再加适量胡椒粉、盐。

9 关火起锅，根据个人喜好加入香菜、蒜苗、小葱即可。

187

小秘密

· 羊肉的膻味与羊的品种和产地都有关系，购买时闻一下，如果生羊肉膻味很大，那么煮熟膻味就更明显了。

· 炖煮时要根据羊的老嫩来调整时间，老羊应增加炖煮时间，而羊羔则要减少炖煮时间，不建议将羊肉炖得过于熟软而失去嚼劲。

· 羊肉片下锅时需要猛火快炒，炒好加汤后也需大火熬煮至汤浓。

砂锅豆腐鱼头

花鲢鱼也叫鳙鱼、胖头鱼、大头鱼，从名字可以看出，这种头大身小的淡水鱼其最美味的部位肯定就是它的头部。花鲢鱼的鱼头用途极广，几大菜系都有用它为主料制成的名菜，如鲁菜中的红焖鱼头，淮扬菜中的拆烩鱼头，湘菜中的开门红……川菜自然也少不了这等美物，用它和四川特有的砂锅制作一道名菜——砂锅豆腐鱼头，想知道这道菜味道如何？问问那些为了它专程来四川解馋的食客就知道了。

○ 主料

鱼头	1个
豆腐	500克
水发玉兰片	50克
水发木耳	50克
熟火腿	50克

○ 调辅料

大葱段	10克
姜片	10克
白酒	5克
胡椒粉	5克
盐	2克
生菜叶	适量
猪油	适量
高汤	适量

○ 做法

1 锅中放适量猪油，待猪油化开后下入葱段、姜片煸炒。

2 下入清洗干净的鱼头煸炒，加入白酒。注意动作要轻柔，不能破坏鱼头的完整。

3 另取砂锅，加入高汤（做法见第176页）。

4 下入切成丝的玉兰片。

5 下入切成丝的木耳后熬煮。

6 将熟火腿撕成细丝。

7 将熟火腿丝下入砂锅中。

8 砂锅中下入炒制后的鱼头。

9 用刀将豆腐切大块，下入豆腐。

10 锅开后去除浮沫。

11 继续熬煮，其间下入胡椒粉、盐，搅拌均匀。

12 撒上几片生菜叶，汤色浓白、香气四溢的砂锅豆腐鱼头就可以上桌了。

188

小秘密

· 为尽量减少鱼头的腥味，建议鱼头下锅前用清水反复冲去血水。

· 鱼头最好选用大一点儿的，鱼头太小的话肉太少，而且新鲜度也不够。

· 鱼头下入砂锅后需要保持大火，这样汤才会浓白鲜美。

四季豆焖饭

"锄禾日当午，汗滴禾下土，谁知盘中餐，粒粒皆辛苦。"自从人类吃米饭开始，就有了剩饭、隔夜饭，这饭如何处理就成了问题。把好好的剩饭倒了？那是不可能的，因为我们中国人有勤俭节约的传统，浪费粮食可不好。现在就让大家看看火哥是如何让这些剩饭、隔夜饭变成美味的。

○ **主料**

剩米饭	400克

○ **调辅料**

盐	2克
四季豆	100克
土豆	100克
油渣	50克
猪油、清水	各适量

○ **做法**

1 四季豆掐头去尾，洗净后切成粒，土豆去皮后切成粒备用。

2 锅中下入猪油。

3 油温五成热时下入土豆、四季豆，煸炒后加盐、清水、米饭。

4 加盖中火焖10分钟。

5 将油渣剁细。

6 揭盖加入油渣，翻炒均匀即可起锅。

小秘密

· 生四季豆有一定毒性，可以适当增加煸炒时间，以确保其熟透。

· 不建议食堂或餐厅大量制作这道菜。

· 油渣一定要新鲜、酥脆。

图书在版编目（CIP）数据

本味. 地道川菜24味 / 火花石著 . —北京：中国轻
工业出版社，2018.6

ISBN 978-7-5184-1962-3

Ⅰ . ① 本 ⋯ Ⅱ . ① 火 ⋯ Ⅲ . ① 川 菜 – 菜 谱
Ⅳ . ① TS972.182.71

中国版本图书馆 CIP 数据核字（2018）第 087342 号

责任编辑：高惠京　胡　佳　　责任终审：张乃东　　整体设计：王超男
策划编辑：龙志丹　　　　　　责任校对：李　靖　　责任监印：张京华

出版发行：中国轻工业出版社（北京东长安街6号，邮编：100740）
印　　刷：北京博海升彩色印刷有限公司
经　　销：各地新华书店
版　　次：2018年6月第1版第1次印刷
开　　本：720×1000　1/16　印张：12
字　　数：200千字
书　　号：ISBN 978-7-5184-1962-3　定价：48.00元
邮购电话：010-65241695
发行电话：010-85119835　传真：85113293
网　　址：http://www.chlip.com.cn
Email：club@chlip.com.cn
如发现图书残缺请与我社邮购联系调换
171466S1X101ZBW